land Leben

CADMOS

Priv. Doz. Dr. Dr. Kai Frölich
Susanne Kopte

Alte
Nutztierrassen

Selten und schützenswert

land Leben

CADMOS

Impressum

Gestaltung: Ravenstein + Partner, Verden
Satz: Karin Prugger, Das Agenturhaus, München
Titelfotos: Sabine Vielmo/Arche Warder
Fotos im Innenteil ohne Bildhinweis: Sabine Vielmo/Arche Warder
Lektorat: Anneke Bosse
Druck: Westermann Druck, Zwickau

Deutsche Nationalbibliothek – CIP-Einheitsaufnahme
Die Deutsche Nationalbibliothek verzeichnet diese Publikation in der Deutschen Nationalbibliografie; detaillierte bibliografische Daten sind im Internet über http://dnb.ddb.de abrufbar.

Printed in Germany

ISBN 978-3-86127-679-1

Inhalt

Die Pommersche Gans war bereits um 1300 auf Rügen, in Pommern und in Gebieten um Stralsund bekannt.

Einleitung

von Prof. Dr. Dr. Hans Hinrich Sambraus

Unsere Welt wird ärmer. Tierarten sterben aus oder werden aus Gegenden verdrängt, in denen sie seit Jahrtausenden vorkamen. Naturschützer sind hocherfreut darüber, dass zum Beispiel aus Osteuropa wieder Wölfe nach Deutschland eingewandert sind. Es werden große Anstrengungen unternommen, die biologische Vielfalt (Biodiversität) nicht noch weiter einzuschränken und nach Möglichkeiten zu vergrößern.

Nicht zu übersehen ist, dass die Bemühungen der letzten Jahre erfolgreich waren. Man sieht wieder mehr Schmetterlinge. Vogelarten, die bis auf Restbestände verschwunden waren, beleben wieder Gärten, Wälder und Gewässer. Unsere Erde ist in der letzten Zeit wieder etwas bunter geworden, die Stimmenvielfalt gestiegen.
Wer den Begriff „biologische Vielfalt" hört, denkt meistens nur an Tiere und

Bentheimer Landschafe sind die größten deutschen Moor- und Heideschafe. Bis in die 1950er-Jahre waren sie ideal für die Wanderschäferei.

Pflanzen in freier Natur. Doch es gibt darüber hinaus auch noch einen weiteren Bereich: Seit ungefähr 10 000 Jahren züchtet der Mensch Nutzpflanzen und domestiziert Tiere. Aus den wenigen, weitgehend einheitlichen Wildtierformen ist im Laufe der Zeit eine große Anzahl von Rassen entstanden. Bei Rind und Schaf sind es weltweit deutlich mehr als 1000 Rassen, beim Pferd ungefähr 700 und bei Ziege und Schwein immerhin noch mehr als 500.

Doch diese Zahlen trügen. Viele Rassen sind im Verlauf des 20. Jahrhunderts ausgestorben, zahlreiche sind in ihrem Bestand bedroht. Je nach Tierart sind es 20 bis 40 Prozent der vorhandenen Rassen. Alle Formen einer Art unterscheiden sich genetisch voneinander. Und wenn Rassen aussterben, mindert auch dies die biologische Vielfalt. Bei Rind, Schwein und Schaf starben im vergangenen Jahrhundert jeweils mehr als 150 Rassen aus. Allein in Europa sind bei Pferd, Rind und Schaf je ungefähr 200 Rassen vom Aussterben bedroht.

Auffallend ist, dass bei jeder unserer Nutztierarten heute einige wenige Rassen dominieren. Sie werden für besser gehalten. Doch im Allgemeinen sind diese Rassen den anderen nur in quantitativen Kriterien überlegen: mehr Milch, höhere täglich Gewichtszunahmen, eine größere Zahl von Eiern und so weiter. Dagegen ist zunächst nichts zu sagen, wenn es dadurch nicht zu Qualzuchten kommt. Bis zu einer gewissen Grenze nötigt die züchterische Leistung, der züchterische Fortschritt Respekt ab. Doch wie steht es um die Qualität?

Alte gefährdete Rassen sind meist robust und anspruchslos. Sie sind langlebig und widerstandsfähig gegen Krankheiten. Ihre Fruchtbarkeit ist sehr gut, und sie sind bestens an örtliche Gegebenheiten angepasst. Häufig wird die besondere Qualität ihrer Produkte gepriesen.

Gelegentlich hört man, Rassen, die gegenwärtig nicht sehr gefragt sind, könne man bedenkenlos aussterben lassen. Sobald man ihre Eigenschaften wieder benötigt, könne man sie ja rückzüchten. Doch das ist ein Trugschluss. Jede Rasse ist einzigartig. Sobald sie ausgestorben ist, ist sie für immer verloren. Alles neu Gezüchtete ist anders als das Vergangene.

Es gibt mehrere Möglichkeiten, das genetische Material gefährdeter Rassen zu erhalten. Man kann lebende Bestände erhalten, es gibt aber auch die Möglichkeit, Sperma oder Embryonen tiefgefroren zu bewahren. Doch diese Kryokonservierung ist problematisch: Technische Pannen können zum Verlust der Proben führen. Vor allem ist aber zu bedenken, dass die Erinnerung an die jeweilige Rasse verloren geht, sobald keine lebenden Individuen mehr vorhanden sind – aus den Augen, aus dem Sinn.

Als flankierende Maßnahme sollte man nicht auf das Tiefgefrieren von Spermaproben und Embryonen verzichten. Die schnellste und beste Methode ist jedoch, lebende Bestände zu erhalten. Dies geschieht in vorbildlicher und für Mitteleuropa einzigartiger Weise in der Arche Warder. Die Gesellschaft zur Erhaltung alter und gefährdeter Haustierrassen e. V. (GEH) wählt seit 1984 jedes Jahr eine besonders schützenswerte gefährdete Rasse zur „Rasse des Jahres“. Fast alle diese Rassen werden in der Arche Warder bewahrt. Aber nicht nur diese. Die Arche Warder ist

Europas größter Tierpark für seltene und bedrohte Nutztierrassen. Mit mehr als 70 verschiedenen Rassen bekommt der Besucher einen ausgezeichneten Eindruck von der einstigen Rassenvielfalt unseres Landes sowie ganz Europas.

In einem großzügig gestalteten Gelände mit einem landschaftlich sehr reizvollen Umfeld werden auf den einzelnen Koppeln meist mehrere Rassen verschiedener Tierarten gehalten. Die gemeinsam gehaltenen Rassen kommen zumeist aus der gleichen Region. Der Besucher kann sich in die erste Hälfte des vergangenen Jahrhunderts zurückversetzt fühlen, als auf dem Bauernhof neben Rindern und Pferden noch Schweine und Schafe gehalten wurden und wo außerdem noch Geflügel lebte.

Die Gefahr der Inzucht durch zu kleine Gruppen ist dadurch gebannt, dass die Arche Warder mit vielen sogenannten Satellitenstationen zusammenarbeitet, zum Beispiel mit Bauernhöfen oder anderen Freilandeinrichtungen, auf denen gleichfalls gefährdete Rassen gehalten werden. Hierdurch wird auch sichergestellt, dass Zuchttiere ausgetauscht werden können.

Aber nicht nur die Weidehaltung der Tiere ist großzügig und tiergerecht, zum Beispiel durch Schutzhütten. Gerade in den letzten Jahren hat man in vorbildlicher Weise Volieren für das Geflügel geschaffen. Durch eine übersichtlich gestaltete Beschilderung wird jede Rasse in eindeutiger Weise charakterisiert, und es werden Probleme und Bedeutung der Erhaltungszucht erläutert.

Haltung und Erhaltung bedrohter Nutztierrassen werden in der Arche Warder kompetent, systematisch und professionell durchgeführt. Als wertvolle flankierende Maßnahme hat die Leitung der Arche Warder einen Wissenschaftlichen Beirat geschaffen, dem zwölf Professoren und andere Fachleute angehören. Durch diesen Beirat können alle Facetten der Erhaltung alter gefährdeter Rassen und deren Nutzung erörtert und umgesetzt werden.

Damit nicht genug: In der Arche Warder wurde die Geschichte der Domestikation unserer Haustiere erlebbar gemacht. Es wurden Behausungen geschaffen wie die, in denen unsere Vorfahren und ihre Tiere lebten. So ließ man sowohl die Jungsteinzeit als auch das Mittelalter in einer für den Besucher nachvollziehbaren Weise aufleben. In der Arche Warder wurde zudem ein Konzept entwickelt, in dem es im Wesentlichen um den Kontakt mit dem Tier und die Interaktion von Mensch und Tier geht. Vergessen wir nicht: Haustierrassen wurden vom Menschen geschaffen. Sie sind damit ein wichtiges Kulturgut.

Das Buch von Priv. Doz. Dr. Dr. Kai Frölich und Susanne Kopte ist ein wichtiger Beitrag zur Erhaltung des Kulturguts „alte Nutztierrassen“. Es öffnet mit Sicherheit die Augen für Besonderheiten, an denen bisher meist achtlos vorübergegangen wurde. Ihm ist breites Interesse zu wünschen.

Prof. Dr. Dr. Hans Hinrich Sambraus,
Vorsitzender des Wissenschaftlichen
Beirates der Arche Warder

Februar 2010

(Foto: Carel Froeich)

Die Arche Warder

Tierpark, Forschungsfeld und nachhaltiges Projekt

Als lebendiges Museum zeigt die Arche Warder zum Beispiel in ihrer Steinzeitsiedlung anschaulich, wie Mensch und Tier vor vielen Tausend Jahren zusammengelebt haben.
(Foto: Carol Frölich)

Nirgendwo in Europa gibt es so viele alte Haus- und Nutztierrassen an einem Ort wie im Tierpark Arche Warder in der Nähe von Kiel. Auf 40 Hektar Parkgelände und in diversen Satellitenstationen (siehe Seite 13) leben 800 Tiere, die 70 verschiedenen Rassen angehören – alle seit langer Zeit mit dem Menschen verbunden und heute vom Aussterben bedroht.

Die Arche Warder hat es sich zur Aufgabe gemacht, solch wunderbare Tiere wie das Englische Parkrind, das Schleswiger Kaltblut, den französischen Poitou-Esel, das Angler Sattelschwein und viele andere, in denen sich die einstige Vielfalt der Nutztierrassen (Agrobiodiversität) widerspiegelt, zu erhalten und weiterzuzüchten.

Sie sind in Tausenden von Jahren von Bäuerinnen und Bauern gezüchtet worden, wobei Rassen und regionale Varianten von Rassen (Schläge) optimal an die Bedingungen ihrer Ursprungsregionen und die Bedürfnisse ihrer Züchter angepasst waren.

Heute ist die Vielfalt der Nutztierrassen in Gefahr. Während man in der Arche Warder sieben Hühnerrassen in artgerechten Freilaufvolieren bewundern kann, werden in der kommerziellen Hühnerhaltung Legehennenhybriden eingesetzt, die im Wesentlichen nur noch von zwei Rassen abstammen.

Dank der finanziellen Mithilfe von Greenpeace und vielen anderen Sponsoren konnte das Gelände der Arche Warder mit einem neuen, erweiterten Team in den letzten Jahren so gestaltet werden, dass heute die Tiere optimale Haltungsbedingungen und die Besucher einen ästhetisch und atmosphärisch anspruchsvollen Park vorfinden.

Die Arche Warder verfolgt bei ihrem Einsatz zum Erhalt der biologischen Vielfalt (Agrobiodiversität) vier Ziele:

1. Schutz durch Zucht

Auf der Basis einer exakten Zucht- und Managementstrategie gilt es, die Tiere in ihren rassetypischen Eigenheiten zu erhalten. Bei den geringen Bestandszahlen ist die Zusammenarbeit mit anderen Züchtern wichtig, um zum Beispiel Tiere zu tauschen. Für Rassen mit ausreichendem Bestand werden Vermarktungswege entwickelt.

2. Schutz durch Satellitenstationen

Viele Tiere aus dem Arche-Bestand sind ausgelagert worden. So leben zum Beispiel Englische Parkrinder auf einem Hof in Hessen, Skudden im Wikingermuseum Haithabu bei Schleswig und Juan-Fernandez-Ziegen im Naturschutzgebiet Höltigbaum (Hamburg). Auf diese Weise kann man die Individuenzahl erheblich erhöhen und somit die genetische Vielfalt erweitern. Außerdem dient dies als Vorsichtsmaßnahme für den Fall eines Seuchenzuges.

Steinzeitliche Siedlung im Tierpark Arche Warder: Teil eines anschaulichen Bildungsangebots. (Zeichnung: Carol Frölich)

3. Schutz durch Bildungsangebote

Tierparkpädagogik ist eine wichtige Aufgabe. Der Park ist ein lebendiges Museum, das die Rolle der Nutztiere für die kulturelle Entwicklungsgeschichte des Menschen anschaulich vermittelt. Auch die Leistungen und Besonderheiten alter Rassen für die ökologische Landwirtschaft und den Naturschutz werden spannend erklärt. Veranstaltungen zum Mittelalter oder auf dem Gelände der Steinzeitsiedlung zeigen, wie das Zusammenleben von Mensch und Tier in jenen Zeiten aussah.

4. Vernetzung mit Institutionen

Um erfolgreich arbeiten zu können, braucht die Arche Warder ein funktionierendes Netzwerk. Mit ihren Forschungsvorhaben zu den physiologischen Besonderheiten alter Rassen und der Schutzproblematik ist sie eng mit mehreren Universitäten verknüpft. Zum Austausch von Informationen und Erfahrungen pflegt die Arche unter anderem Kontakte zu Naturschutzstiftungen, Zoos und Tierparks, zu Herdbuchzüchtern und anderen Archehöfen sowie zur Gesellschaft zur Erhaltung alter Haustierrassen (GEH).

Das Zackelschaf war früher die Hauptschafrasse in der ungarischen Tiefebene und ist heute die letzte lebende Rasse mit diesem imposanten Schraubenzieher-Gehörn.

Vom Aussterben bedroht – und doch so wichtig

Jedes Jahr besuchen Tausende von Menschen den Tierpark für seltene und vom Aussterben bedrohte Nutztierrassen Arche Warder und erfreuen sich unter anderem an den friedlich grasenden Rindern auf den Weiden, an der bunten Vielfalt von Schweinen, die sich genüsslich im Schlamm suhlen, und an dem schillernden Geflügel, das emsig nach Futter sucht.

Die Arche Warder zeigt eine Idylle, die sehr selten geworden ist. Schlimmer noch: Viele der Nutztierrassen, die heute in großen Ställen gehalten werden, würden die Haltung im Freien gar nicht überleben. Oder sie dürfen nicht: Kühe aus echten Hochleistungsbetrieben kommen in der Regel gar nicht mehr auf die Weide, weil unkontrolliertes Grasfressen die optimale Milchmenge reduzieren würde.

Stetiger Rückgang oder für immer verloren

Die alten Nutztierrassen, wie zum Beispiel das Angler Rind, das Turopolje-Schwein, das Bentheimer Landschaf oder die Thüringer Waldziege, die Tiere also, die vor 50 bis 100 Jahren oder noch früher auf den Höfen gehalten wurden, sind auf bedrohlich niedrige Bestandszahlen geschrumpft, andere sind schon ausgestorben.

Noch vor einigen Jahren gab es in Deutschland in jedem Bundesland 30 bis 120 Schweinezüchter, inzwischen sind es nur noch fünf bis zehn. Und jeder Züchter liefert nur Tiere aus einer oder zwei Abstammungslinien.

Dadurch sinkt die genetische Variabilität innerhalb der Rassen – ein Risiko, denn nur die genetische Vielfalt ist eine Versicherung gegen künftige Gefahren wie zum Beispiel plötzlich auftretende Tierseuchen, die besonders kleine Bestände akut gefährden können (unter anderem die Vogelgrippe, Blauzungenkrankheit sowie die Maul- und Klauenseuche).

In Deutschland für immer ausgestorben sind bereits Rassen wie die Rhönziege, das Kehlheimer Rind oder das Wittgensteiner Bleßvieh. Bei den aus Ungarn stammenden Mangalitzas – besser bekannt als Wollschweine – gelten die schwarzfarbigen als ausgestorben. In den Fellfarben Blond, Rot und Schwalbenbäuchig gibt es noch kleine Bestände. Seit 1975 ist in Deutschland das Deutsche Weideschwein ausgestorben. Zum Glück ist dies dank dem Engagement von privaten Tierzüchtern, Wissenschaftlern, Landwirten und einigen Tierparks die hierzulande zuletzt ausgestorbene Nutztierrasse.

Das ausschließliche Tiefgefrieren des Genmaterials (Kryokonservierung) ist wohl nicht ausreichend für die Erhaltung alter Haustierrassen. Dies hat folgenden Grund: Für die Ausbildung spezieller Merkmale ist die Zucht verantwortlich. Die Erhaltung dieser Merkmale ist aber nur möglich, wenn Tiere, die diese Merkmale am besten repräsentieren, weiterhin an ihren ursprünglichen Standorten, im Wechselspiel mit den jeweiligen Umweltfaktoren, gehalten werden.

Das Tiroler Steinschaf, eine der ältesten Schafrassen, ist ein Abkömmling des bereits ausgestorbenen Zaupelschafs und heute selbst in seinem Bestand bedroht. DNA-Analysen zeigten, dass der Umhang des Gletschermannes „Ötzi" (um 3000 v. Chr.) auch aus der Wolle von Steinschafen gefertigt war. (Foto: Arche Warder)

Auch die Rückzüchtung ist letztlich nur ein Versuch, aus modernen Züchtungen wieder möglichst nah an das äußere Erscheinungsbild (Phänotyp) ausgestorbener alter Rassen heranzukommen. Voraussetzung dafür ist, dass die gesuchten äußeren Einzeleigenschaften noch bei verschiedenen Rassen oder Einzeltieren vorhanden sind. Tiere mit solchen Eigenschaften werden dann ausgewählt und gezielt gekreuzt. Dabei kann aber nicht die genetische Ursprungsform entstehen, schon gar nicht in ihrer einstigen Vielfalt.

Aussterben im Monatstakt

Schleswiger Kaltblutpferde, Bunte Bentheimer Schweine oder Walachenschafe sind heute genauso vom Aussterben bedroht wie Pandas, Tiger oder Berggorillas, auch wenn die Ursachen andere sind als Klimawandel und Umweltzerstörung.

Die Zahlen zeigen es: Die Welternährungsorganisation FAO hat im letzten Weltzustandsbericht über „Tiergenetische Ressourcen für Ernährung und Landwirtschaft" von 2007 genau 7616 Rassen gezählt, darunter Rinder, Schweine, Schafe, Ziegen, aber auch Büffel, Yaks und Kamele. Insgesamt werden dort 740 Rassen bereits als ausgestorben aufgelistet! 20 Prozent sind in die Kategorie „Hohes Verlustrisiko" eingestuft, sie sind also unmittelbar vom Aussterben bedroht. Auch die Prognose ist denkbar schlecht: Für die nächsten 20 Jahre rechnet die FAO mit einem Totalverlust von 2000 weiteren Haustierrassen.

Das Aussterben alter Haustierrassen findet aber bisher nur wenig Beachtung in der Öffentlichkeit. Dabei kann es fatale Folgen haben, warnen Wissenschaftler. Denn mit den alten Rassen verschwinden Eigenschaften, die das Schwein oder das Rind der Zukunft vielleicht dringend brauchen könnte. Möglicherweise erweist sich zum Beispiel das Schwarzbunte Niederungsrind oder das Bunte Bentheimer Schwein eines Tages als widerstandsfähiger gegen neue Tierseuchen. Oder es kommt mit Umweltveränderungen besonders gut zurecht. Genetische Vielfalt ist eine Versicherung gegen künftige Gefahren und unvorhergesehene Veränderungen.

Ohne Richtungsänderung werden wir einen Großteil der Haustierrassen in den nächsten 50 Jahren unwiderruflich verlieren. Die Steigerung der Nutzleistung (zum Beispiel Milchleistung, Fleischleistung) der verschiedenen Rassen bis an ihre physiologischen Grenzen hat zur rapiden Einengung der Rassenzahl geführt. Das heißt: Die Industrialisierung der Tierproduktivität und Tierzucht ist der wesentliche Faktor, der zum Aussterben der alten Rassen geführt hat. Viele moderne Hochleistungsrassen sind daher außerhalb des vom Menschen geschaffenen Lebensraumes nicht mehr lebensfähig.

Mit jeder einzelnen verlorenen Tierrasse verschwinden wichtige genetische Ressourcen. Deswegen ist der Erhalt der sogenannten Agrobiodiversität, also der Erhalt der genetischen Vielfalt in der landwirtschaftlichen Tierzucht, besonders dringlich.

Die Motorisierung führte beinahe zur Ausrottung des Schleswiger Kaltblutpferdes. Heute wird es wieder zur schonenden Forstwirtschaft eingesetzt, da schwere Maschinen oft den wertvollen Waldboden zerstören. (Foto: Eberhard Weckermann/Greenpeace)

Das Holstein Friesian Rind – gezüchtet für Rekorde

Zahlreiche Bauern verließen im 17. und 18. Jahrhundert ihre Heimat in Norddeutschland und wanderten in die Neue Welt aus. Mit dabei hatten sie ihr kostbarstes Eigentum: Rinder, die Wiederkäuer aus der norddeutschen Tiefebene. Bislang hatten die Rinder neben Milch und Fleisch auch wertvolle Arbeitskraft geliefert. In den USA hatten allerdings längst Pferde diese Aufgabe übernommen. Überflüssig waren die schwarzbunten Einwanderer-Rinder dennoch nicht. Mit 1700 bis 1900 Litern im Jahr gaben sie mehr Milch als andere Rassen. Die bald Holstein Friesian (kurz HF) genannten Rinder wurden seitdem auf eine immer höhere Milchleistung hin gezüchtet.
Der gehobene Durchschnitt der Milchleistung bei den HF-Kühen kommt inzwischen auf 10 000 bis 14 000 Liter.

Moderne Milchleistungskühe werden entsprechend bedarfsgerecht gefüttert. Grassilage, Maissilage, eiweißreiche Ergänzungsfuttermittel wie Soja sowie Mineral- und Vitaminleckmasse sind entscheidend für eine hohe Milchleistung. HF-Kühe erhalten pro Tag etwa 25 Kilogramm Spezialfutter. Da eine Unter- beziehungsweise Überversorgung mit einzelnen Futterkomponenten für die Tiere schädlich ist, werden die Futterrationen häufig computerberechnet und pelletiertes Kraftfutter über Automaten zugeteilt. Den klassischen Weidegang gibt es in der Regel nicht mehr. Die Lebenserwartung dieser Tiere beträgt häufig nur noch fünf oder sechs Jahre.

Nur wenige Tiere werden zur Fortpflanzung auserwählt. Ein „Superbulle“ mit mehr als 100 000 Töchtern kommt dabei schon mal vor. Mit dieser Praxis wird jedoch ein gefährlicher, künstlicher Flaschenhals geschaffen. Wenn ein Bulle zugleich Vater und Großvater ganzer Generationen von Kühen ist und sich auf der anderen Seite Hunderttausende Bullen nicht fortpflanzen können, weil sie als Kalbfleisch auf dem Teller landen, wird der Genpool eingeschränkt. Das Erbgut der Rinder verändert sich.

(Foto: Christian Mühlhausen/Landpixel.de)

Mondlandung? Ohne Nutztiere undenkbar!

Nutztiere haben die kulturelle Entwicklung des Menschen entscheidend geprägt. Der Mensch begann vor etwa 15 000 Jahren, Wildtiere zu domestizieren. So sind aus ungefähr 20 Wildtierarten (Stammformen) über die Jahrtausende rund 7600 Haustierrassen entstanden. Dies ist eine enorme Kulturleistung. Die einzelnen Haustierrassen sind als standortgerechte (autochthone) Arten jeweils optimal an bestimmte Umwelt- und Betriebsbedingungen angepasst und prägen die regionale kulturelle Identität der Menschen. Alte Nutztierrassen haben den Menschen über einen langen Zeitraum begleitet und zu seiner gesellschaftlichen Entwicklung wesentlich beigetragen. Auf diese Weise wurde erst durch die konstante, gesicherte Versorgung mit tierischem Eiweiß die Basis für komplexere, sesshafte und vor allem arbeitsteilige Gesellschaften geschaffen, da die Abhängigkeit von Jagdwild nicht mehr bestand.

Wenn ein Wildtier zum Haustier wird, gehen damit immer wieder bestimmte physiologische und ethologische Veränderungen einher. Das typische Tarnkleid verschwindet, auch die Körpergröße ändert sich und die Zähne verlieren generell an

Forschungsarbeiten wie die Untersuchung von Blutproben – hier die Blutabnahme bei einem betäubten Wasserbüffel in der Arche Warder – helfen, gefährdete Tiere zu erhalten. (Foto: Arche Warder)

Größe und Anzahl. Doch vor allem wird das Gehirnvolumen kleiner. Beim Nachweis einer frühen Haustierhaltung mit archäologischen Methoden liefern auch das Alter der Tiere und die Geschlechterverhältnisse wichtige Hinweise. Zur Züchtung braucht man vor allem weibliche Tiere. Dadurch ist eine hohe Anzahl von Kühen, Stuten, Mutterschafen, Sauen und Geißen in archäologischen Fundstätten auch ein Indiz für den Beginn der Domestikation.

An Tierknochen aus menschlichen Siedlungen können Archäologen die ersten Umformungen nachweisen. So entdeckte man etwa eine veränderte Behornung bei Ziegen. Die kräftigen Hörner männlicher Wildziegen wurden in der Obhut des Menschen kleiner und bekamen eine andere Drehung. Das Gleiche galt für Schafe, die wie die Ziegen in den ersten Jahrtausenden ihrer Haltung lediglich Fleischlieferanten waren. Später kam eine neue Errungenschaft hinzu, die das Schaf als Haustier noch wertvoller machte: Das Haarkleid wurde zum Wollvlies. Nach und nach griff der Mensch durch gezielte Paarung von Tieren hier bewusst ein und bewirkte, dass sich eine immer besser nutzbare Wolle entwickelte.

Die alten, modernen Landschaftspfleger

In mancherlei Hinsicht sind die alten Rassen ihren hochgezüchteten Artgenossen schon heute überlegen. So braucht man für die ökologische Landwirtschaft oder für die Landschaftspflege (Ganzjahresbeweidung) robuste Tiere, die nicht nur im „Hightechstall" mit Spezialfutter gedeihen. Eine Holstein Friesian Kuh kommt zum Beispiel auf einem Hang in der Rhön nicht zurecht. Das Rote Höhenvieh, eine traditionsreiche Mittelgebirgsrasse, hat hingegen keine Probleme mit harscher Witterung und kargem Futter.

Bestimmte alte Nutztierrassen, zum Beispiel Heidschnucken, Koniks, Exmoor-Ponys, Highlandrinder oder Heckrinder, können heute unter anderem eine wichtige Bedeutung im Naturschutz haben, da diese robusten Rassen in extensiver Freilandhaltung als Landschaftspfleger einzusetzen sind. Ohne alte Haustierrassen würde ein Teil der Naturschutzflächen nicht mehr optimal gepflegt werden können.

Alte Rassen kommen sehr gut mit energieärmeren Futtermitteln zurecht und sind somit auch ideal für die ökologische, nachhaltige Landwirtschaft geeignet. Sie können ebenfalls bei knapper Verfügbarkeit von Ressourcen gehalten werden. Alten Haustierrassen ist es mit ihrer hohen Anpassungs- und Widerstandsfähigkeit gegenüber Witterungseinflüssen möglich, auch den Herausforderungen des Klimawandels zu begegnen.

Wenige Rassen dominieren weltweit

Die Hauptursache für das Zurückdrängen alter Nutztierrassen liegt im extremen Strukturwandel der Landwirtschaft seit den 1950er-Jahren. Es kam zu einer starken Konzentration auf nur wenige Hochleistungsrassen, die vorwiegend auf hohe quantitative Leistungen ausgerichtet sind.

Am Beispiel des sogenannten Hybridschweins sollen die Auswirkungen dieser Entwicklung auf die Landwirtschaft skizziert werden: Die industrielle Viehzucht ist ein hartes und aufwendiges Geschäft und läuft meist nach einem fast einheitlichen Muster ab: Die auf sehr schnellen Fleischzuwachs

Pferderassen wie das Exmoor-Pony oder der Konik werden heute gern zur extensiven Pflege von Naturschutzflächen eingesetzt. (Foto: Arche Warder)

hochgezüchteten reinrassigen Eltern-Zuchttiere von Schweinen werden in einer sogenannten Basispopulation gehalten und vermehrt. Die daraus stammenden Tiere werden dann an Vermehrungszuchtbetriebe verkauft, die Jungsauen für die Ferkelerzeuger züchten. Entsprechend dem Zuchtprogramm werden die Zuchtsauen der Mutterlinie mit Tieren anderer Rassen gekreuzt. Die nächste Generation, die Hybridtiere, dienen dann nur der Fleischmast und nicht der Zucht. Folglich sind die Landwirte der Hochleistungsbetriebe nur noch Fleischproduzenten und keine Bauern oder Züchter mehr.

Unsere Zukunft liegt in einer leistungsfähigen modernen Landwirtschaft. Für diese ist es unabdingbar, genetische Potenziale alter Haustierrassen zu bewahren, um im Bedarfsfall auf Eigenschaften wie zum Beispiel Langlebigkeit, Fruchtbarkeit und

Robustheit zurückgreifen zu können. Der Sicherung der Biodiversität kommt darüber hinaus eine besondere Bedeutung zu, da nur so den teilweise noch unbekannten Herausforderungen der Zukunft an die Tierproduktion sowie an nachhaltige Bewirtschaftungsformen entsprochen werden kann.

Wenn man sich die Potenziale alter Nutztierrassen vor Augen führt, erkennt man, wie wichtig es ist, dem Verlust der Biodiversität entgegenzuwirken. Ferner müssen die physiologischen und ethologischen Besonderheiten sowie Stärken alter Rassen weiter erforscht und herausgestellt werden, um auch ihren langfristigen wirtschaftlichen Nutzen in der Gesellschaft zu verdeutlichen.

Wann gilt eine Nutztierrasse als gefährdet?

Eine Rasse ist in ihrem Fortbestand bedroht, wenn die Zahl ihrer Individuen unter eine bestimmte Mindestzahl sinkt.
Im Allgemeinen gilt eine Rinderrasse als gefährdet, wenn nur noch 1000 Kühe oder weniger als 20 nicht miteinander verwandte Stiere leben, bei Schafen und Ziegen 500 Muttertiere oder 20 Böcke und bei Schweinen, wenn weniger als 200 Sauen oder weniger als 20 Eber noch existieren.

Genügsam auch bei Eis und Schnee – während den Bentheimer Landschafen diese Witterung nichts anhaben kann, können viele moderne Rassen unter schwierigen Bedingungen nicht gehalten werden.

Kriterien für die Gefährdung einer Rasse

Eine Rasse ist in ihrem Fortbestand bedroht, wenn die Zahl ihrer Individuen unter eine bestimmte Mindestzahl sinkt. Über den Grenzwert gehen die Ansichten auseinander. Die Gesellschaft zur Erhaltung alter und gefährdeter Haustierrassen e.V. (GEH) hat je nach Tierart folgende Mindestbestände festgelegt: Für Pferde, Esel, Schweine und Ziegen sind das 5000 Tiere, für Rinder gelten 7500 und für Schafe 1500 Individuen als Richtwert.

Darüber hinaus gibt es unterschiedliche Gefährdungsgrade. Die Food and Agriculture Organization der Vereinten Nationen (FAO) hat folgende Kategorien für Haustiere festgelegt:

Ausgestorben:

Eine Rasse gilt als ausgestorben, wenn sie keine fortpflanzungfähigen Weibchen oder Männchen mehr hat.

Kritisch:

Eine Rasse wird als kritisch eingestuft, sobald sie weniger als 100 Weibchen oder 5 nicht miteinander verwandte Männchen aufweist.

Hat eine Rasse mehr als 100 weibliche und mehr als 5 nicht verwandte, männliche Tiere, aber die Gesamtpopulationsgröße beträgt weniger als 120 Individuen und ist weiter abnehmend, und liegt darüber hinaus der Anteil fruchtbarer Tiere (Weibchen und Männchen) unter 80 Prozent, so ist die Rasse ebenfalls als kritisch anzusehen.

Gefährdet:

Gibt es mehr als 100, aber weniger als 1 000 Weibchen einer Rasse, wird sie als gefährdet eingeordnet. Das Gleiche gilt, wenn die Anzahl der nicht verwandten Männchen zwischen 5 und 20 Tieren liegt.

Liegt die Gesamtpopulationsgröße allerdings zwischen 80 und 100 Tieren mit weiterhin ansteigendem Trend, und machen die fortpflanzungsfähigen Individuen mehr als 80 Prozent aus, gilt die Rasse ebenfalls als gefährdet. Dies betrifft ebenso Rassen mit einer Gesamtpopulationsgröße zwischen 1 000 und 1 200 Tieren, wobei der Anteil fruchtbarer Tiere weniger als 80 Prozent ausmacht.

Nicht gefährdet:

Diese Rassen weisen mehr als 1 000 fortpflanzungsfähige Weibchen beziehungsweise mehr als 20 nicht miteinander verwandte, zeugungsfähige Männchen auf.

Trifft Ersteres nicht zu, aber die Gesamtpopulatonsgröße macht mehr als 1 200 Tiere aus, wird die Rasse ebenfalls als nicht gefährdet eingestuft.

Das Rotbunte Husumer Schwein gehört zu den Sattelschweinen. Diese Rasse ist heute nur noch als Rückzüchtung vorhanden.

Alle Haustiere haben wilde Vorfahren

Vom Jäger zum Bauern – und was die Tiere damit zu tun haben

Vor rund 10 000 Jahren ereignete sich Entscheidendes: Der Mensch änderte seine Lebensweise immer mehr. Aus dem Jäger und Sammler wurde der Siedler und Ackerbauer. Das hatte Folgen, nicht nur für die Ernährung. Der Wechsel der Lebensweise markiert den Beginn der kulturellen Entwicklungsgeschichte des Homo sapiens. Steigende Produktivität, Bevölkerungswachstum und neue Sozialsysteme waren die Folge; Dörfer, Städte und Staaten entstanden. Die Basis für die arbeitsteilige Gesellschaft lieferten die Nutztiere.

Im Jahr 15 000 v. Chr. lebten die Menschen noch ausschließlich als Jäger und Sammler. Doch schon 5000 Jahre später waren die meisten von ihnen Bauern geworden. Warum sich dieser Übergang genau in diesem historischen Zeitraum vollzog, ist bis heute nicht vollständig geklärt.

Die Haltung von Tieren in der Nähe ihrer Siedlungen – hier der Nachbau eines steinzeitlichen Unterstandes für Soay-Schafe in der Arche Warder – bildete die Grundlage für die Domestikation. (Foto: Arche Warder)

Allerdings gibt es einige plausible Hypothesen: So veränderte sich das Klima in dieser Zeit, es wurde trockener. Daher wurde es für die Menschen erforderlich, sich um permanente Wasserquellen zu versammeln. Diese niedergelassenen Gemeinschaften wuchsen stetig an, und die Anzahl der Wildtiere in dieser Umgebung sank aufgrund hoher Bejagung ab.

Daher kamen die Menschen in einem langen Zeitraum auf die Idee, ortsnah einen Tierbestand als Fleischquelle zu halten. Tiere lebend als Vorrat zu haben, hatte auch einen weiteren wichtigen Vorteil, da Fleisch sehr schnell verdirbt und auch geräuchert oder getrocknet schlecht aufzubewahren ist.

Dies ist möglicherweise ein weiterer Grund, warum sich die stetig anwachsende menschliche Population von Jägern zu Bauern entwickelte. Mit anderen Worten: Klimaveränderungen, kombiniert mit dem Rückgang bewohnbaren Landes und geringerer Wildtierdichte, waren mögliche Gründe für den Beginn von Ackerbau und Tierhaltung um etwa 10 000 v. Chr.

Tierische Überreste, die bei Ausgrabungen in Kleinasien gefunden wurden, zeigen, dass sich die Menschen vor diesem Übergang zur Sesshaftigkeit zunächst hauptsächlich von Gazellenfleisch ernährten. Bedenken muss man in diesem Zusammenhang, dass es wesentlich einfacher war und ist, Ziegen, Schafe, Rinder und Schweine in Gefangenschaft zu halten als zum Beispiel Gazellen, Rehe oder Hirsche. Letztere sind nicht leicht zu handhaben, benötigen große Reviere und sind weit weniger flexibel in ihren Fressgewohnheiten. Auch pflanzen sie sich in Gefangenschaft nicht so leicht fort.

Die Übergangszeit vom Jäger zum Bauern vollzog sich in einem langen Zeitraum. Jahrtausendelang waren die historischen Jäger den Herden der Paarhufer gefolgt und hatten ihr Verhalten beobachtet. Ab einem gewissen Zeitpunkt begann dann die Kontrolle bestimmter Arten, welche von ihrem Verhalten her zum Domestizieren „prädestiniert" waren.

Es ist wahrscheinlich, dass die Domestikation der ersten Huftiere (Schafe und Ziegen) auf zweierlei Art vonstatten ging. Zum einen, indem wilde Herden gehütet wurden, die in günstigen Situationen, zum Beispiel nahe an einer Wasserstelle, an einen anwesenden „Hirten" gewöhnt wurden. Die zweite mögliche Methode bestand darin, Jungtiere zu zähmen, welche auf eine Person als Leittier geprägt waren, und sie dann weiterzuzüchten.

Domestikationsgeschichte einzelner Tierarten

Ziegen

Zusammen mit dem Schaf gehört die Ziege zu den ältesten Nutztieren des Menschen. Der Beginn ihrer Domestikation ist anhand eindeutiger Größenveränderungen an den Knochenfunden um 10 000 v. Chr. nachgewiesen. Die bislang ältesten Belege für die Domestikation der Ziege stammen aus dem vorderasiatischen Bergland, aus dem Gebiet des sogenannten Fruchtbaren Halbmondes. Dieses Gebiet erstreckt sich über Teile der Türkei, Jordanien, Syrien, Iran und Irak. In diesem Areal befinden sich die Flüsse Tigris, Euphrat und Jordan. Ziegen sollen auch bereits frühzeitig zur Waldrodung eingesetzt worden sein, um Siedlungs- und Ackerbaugebiete zu erschließen.

Die Hausziegen stammen von Wildziegen der Gattung Capra ab. Vermutlich gehen Ziegen insgesamt auf die beiden Stammformen Bezoarziege (*Capra aegagrus aegagrus*) und Kaukasischer Steinbock (*Capra cylindricornis*) zurück. Der Kaukasische Steinbock bewohnt die östlichen Teile des Kaukasus. Er hat ungefähr die Größe eines Alpensteinbocks. Das Verbreitungsgebiet der Bezoarziege - umfasst die Gebirgsregionen Südwestasiens von der Ägäis im Westen bis Pakistan im Osten. Sie ist ein ausgesprochener Bewohner der Felsregion und hauptsächlich in Höhenlagen über 1500 Metern anzutreffen.

Die frühen Hausziegen ähnelten in der äußeren Erscheinung (Phänotyp) noch sehr der Stammform, den Bezoarziegen. Die Hausziegen wurden anfangs hauptsächlich zur Fleischerzeugung genutzt. Das belegen Untersuchungen an Ziegenknochen aus frühneolithischen Siedlungen. Auf diesen Fundstellen dominieren unter den Ziegenknochen deutlich die von Jungtieren. Die meisten geschlachteten Tiere waren wohl nicht älter als zwei Jahre. Die Milchnutzung scheint erst in späterer Zeit aufgekommen zu sein.

Ihre weltweite Verbreitung verdanken die Ziegen ihrer großen Anpassungsfähigkeit an unterschiedliche klimatische Bedingungen, ihrer Genügsamkeit und ihrer guten Futterverwertung. Ziegen gedeihen am besten mit einer Mischnahrung aus Gräsern, Kräutern und gelegentlich Laubblättern.

Schafe

Das Asiatische Mufflon (*Ovis orientalis*) ist die Stammform aller Hausschafe. Die Domestikation erfolgte im Gebiet des Fruchtbaren Halbmondes um 10 000 v. Chr. Zusammen mit der etwa gleichzeitig ablaufenden Ziegendomestikation war sie wesentlicher Bestandteil bei der Herausbildung der agrarischen Wirtschaftsweise der Menschen im Altertum. Im Entstehungsgebiet der Schafhaltung wurden Schafe zunächst ausschließlich für die Fleischgewinnung genutzt.

Untersuchungen an Knochenfunden aus mehreren Siedlungen im Westiran weisen auf Veränderungen in der Nutzung der Schafe im Zeitraum 5000 bis 3000 v. Chr. hin. Die Befunde sprechen dafür, dass in dieser Zeit die vorrangige Fleischnutzung von einer Bewirtschaftungsform abgelöst wurde, die den sogenannten „Sekundärprodukten" wie Milch und Wolle einen höheren Stellenwert beimaß. Als älteste Darstellung eines Wollschafes gilt eine Tonstatuette aus dem Iran in der Zeit um 6000 v. Chr.

Rinder

Als Stammform der Hausrinder gilt der Ur beziehungsweise Auerochse (*Bos primigenius*). Das einstige Verbreitungsgebiet dieser beeindruckenden Rinderart umfasste weite Teile Europas, Asiens und Nordafrikas. Man unterscheidet bei den domestizierten Abkömmlingen des Auerochsen zwei Rassengruppen: die europäischen Hausrinder (*Bos taurus taurus*) mit geradem Rücken sowie die Zebus (*Bos taurus indicus*) mit einem Buckel.

Die früheste Domestikation der Rinder fand wahrscheinlich 8000 bis 7000 v. Chr. im Gebiet des Fruchtbaren Halbmondes statt; neueste genetische Untersuchungen weisen darauf hin, dass in europäische Hausrinder später nur sehr wenige wilde europäische Auerochsen eingekreuzt wurden.

Der Ur wies, wie alle heute noch lebenden Wildrindarten, einen ausgeprägten Unterschied im Erscheinungsbild der Geschlechter (Geschlechtsdimorphismus) auf. Die Stiere waren deutlich größer und schwerer und besaßen kräftigere Hörner als die Kühe. Mit einer Kopfrumpflänge von über 3 Metern, einer Schulterhöhe von bis zu 1,90 Metern bei den Bullen (Kühe 1,50 Meter) und einem Gewicht von bis zu einer Tonne war der Auerochse bis zur letzten Eiszeit eines der mächtigsten Landtiere Europas. Die Hörner wurden bis zu 80 Zentimeter lang und waren in typischer Weise nach vorn geschwungen.

Nach der Eiszeit nahm der Ur in seiner Größe deutlich ab. Die Stiere erreichten dann noch eine Widerristhöhe von durchschnittlich 160 Zentimetern und die Kühe von 145 Zentimetern.

Der Yak wurde vermutlich bereits 2000 v. Chr. domestiziert. Er versorgte den Menschen mit Milch, Fleisch und Wolle und diente auch dem Lastentransport.

In Vorderasien, im Entstehungsgebiet der Rinderhaltung, wurden Rinder zunächst hauptsächlich zur Fleischerzeugung genutzt. Daneben hatte das Rind wohl schon frühzeitig eine bedeutende Rolle im Kult. Das belegen Ausgrabungsfunde aus einer frühsteinzeitlichen Siedlung in der Türkei, wo sich Nachbildungen von Rinderköpfen an den Innenwänden sowie auf Altären einiger Häuser fanden.

In West- und Mitteleuropa verschwand die Wildform des Auerochsen zwischen 1200 und 1400 n. Chr., wobei neben der starken Bejagung und der Lebensraumzerstörung auch die Konkurrenz mit dem Hausrind eine wesentliche Rolle spielte. Am längsten hielten sich die Wildrinder im Gebiet des heutigen Polen. 1627 starb die letzte wilde Kuh in Freiheit.

Wasserbüffel

Weitestgehend einig ist man sich, dass der Wasserbüffel um 3000 v. Chr. domestiziert wurde. Aber es ist nicht sicher, wo dies geschah: im Industal (heutiges Pakistan), in Südchina oder im Irak.

Beim domestizierten Wasserbüffel unterscheidet man zunächst zwei große Gruppen: Sumpfbüffel und Flussbüffel. Der Sumpfbüffel wird bis heute vor allem als Arbeitstier in den Reis produzierenden Ländern Südostasiens genutzt. Flussbüffel entstanden in Indien und im jetzigen Pakistan. Ihre Hauptnutzung liegt in der Milchproduktion.

Yaks

Man vermutet, dass der Yak ungefähr 2 000 v. Chr. in Tibet domestiziert wurde, da der Wildyak zum Zeitpunkt des Beginns der Domestikation nur noch dort auftrat. Gemäß seiner Nutzung unterscheidet man Milchtyp, Fleischtyp, Wolltyp und Tragtiertyp.

Schweine

Das Schwein ist ein Haustier, das im Wesentlichen zur Fleisch- und Fetterzeugung gehalten wurde. Die Stammform des Hausschweins ist das Wildschwein (*Sus scrofa*). Seine Domestikation vollzog sich offenbar in mindestens zwei verschiedenen Gebieten Asiens unabhängig voneinander ab dem 8. Jahrtausend v. Chr.

Die ältesten sicheren Hinweise für die Schweinedomestikation stammen aus Anatolien. Eine von Vorderasien unabhängige Schweinedomestikation ist für Ost- und Südostasien zu vermuten. In China stammen die frühesten Knochenfunde vom Hausschwein aus Siedlungen der Ci-shan-Kultur (6. Jahrhundert v. Chr.).

Nach Zentraleuropa gelangte das Hausschwein zusammen mit Schaf, Ziege und Rind bereits um 7 000 v. Chr. Nach historischen Funden sowie bildlichen Darstellungen lassen sich die vor- und frühgeschichtlichen Schweine allgemein als hochbeinige, schlankwüchsige Tiere mit einem geringen Fettansatzvermögen charakterisieren. Sie besaßen einen lang gestreckten, keilförmigen Kopf, der in der Form dem des Wildschweins weitgehend entsprach. Als ursprüngliche Merkmale gelten ebefalls die dichte Körperbehaarung und die Stehmähne.

Die wesentliche Form der Schweinehaltung in weiten Teilen Europas dürfte zu allen Zeiten die Weidehaltung gewesen sein. Besonders im Herbst boten die Mischwälder mit Eicheln und Bucheckern günstige Voraussetzungen zur Schweinemast.

Verheilte Brüche an Schienbeinen von Schweinen aus verschiedenen Siedlungen im Zeitraum vom Neolithikum bis zum Mittelalter lassen vermuten, dass einige Schweine während der Waldweide angebunden waren und sich im Umkreis der Länge des Strickes ihr Futter suchen mussten. Diese Art des Anbindens wird als Tüdern bezeichnet.

Ähnlich wie beim Rind war auch beim Schwein die Domestikation von einer Größenabnahme der Tiere begleitet. Sie führte über verschiedene Zwischenstufen zu den kleinwüchsigen Hausschweinen des Mittelalters. Gegen Ende des 18. Jahrhunderts kam es zu einem Wandel bei den europäischen Hausschweinrassen, hervorgerufen durch das Einbringen von kleinen, schnell wachsenden, feingliedrigen Schweinen aus China und Südostasien. Diese wurden mit den hiesigen Rassen gekreuzt und die sich daraus entwickelnde Veredelung des Bestandes war enorm. Diese Schweinerassen wurden so populär, dass innerhalb von 50 Jahren in Westeuropa nur noch sehr wenige Rassen nicht von den asiatischen Importen abstammten. Daher ist es unwahrscheinlich, dass es noch eine Rasse gibt, die reinrassig von den ursprünglich prähistorisch in Europa domestizierten Schweinen abstammt.

Pferde

Das Pferd wurde erst circa 3000 bis 4000 v. Chr. domestiziert. Das Domestikationszentrum lag in den Steppen nördlich des Schwarzen Meeres. Neueste Befunde deuten darauf hin, dass die Pferdedomestikation in Kasachstan um 3500 v. Chr. begann.

Genetische Untersuchungen belegen, dass die Erbanlagen unterschiedlicher Wildpferdpopulationen Europas und Asiens in das Hauspferd einflossen. Die meisten Autoren vermuten, dass das Przewalskipferd in Zentralasien nicht die Stammform unserer Hauspferde gewesen ist. Dieses mongolische Wildpferd ist die einzige Unterart des Wildpferdes, die in ihrer Wildform bis heute überlebt hat. Wildpferde kamen in vielen Gebieten Europas mindestens bis zur Einführung des Hauspferdes vor und hinterließen ihre Gene in einigen lokalen Pferderassen.

Zum Ende der letzten Eiszeit (ca. 10 000 v. Chr.) weideten auf den offenen Grasflächen Europas und Asiens noch Herden von Wildpferden, die von den Menschen bereits intensiv bejagt wurden. Möglicherweise deshalb und aufgrund der sich immer weiter ausbreitenden Waldflächen waren die Herden nicht mehr so groß wie einst. Die kontinuierliche Ausrottung der europäischen Wildpferde setzte offenbar dann im Laufe der Jungsteinzeit (2000 bis 6000 v. Chr.) ein, und zwar schrittweise von Westen nach Osten. Zu Beginn des 18. Jahrhunderts waren Wildpferde lediglich noch in den Steppengebieten der Ukraine verbreitet. Eine unkontrollierte Bejagung führte schließlich auch hier im 19. Jahrhundert zu ihrer völligen Ausrottung. Der letzte wild lebende Tarpan soll im Jahr 1875 getötet worden sein.

In der langen Geschichte der Pferdehaltung stand überwiegend die Nutzung der Muskelkraft des Pferdes im Vordergrund, sei es als Reit-, Trag- oder Zugtier. Bei vielen Völkern in den Steppen Osteuropas und Asiens haben Pferde bis heute auch eine große Bedeutung für die Fleischgewinnung. Der Einsatz des Pferdes als Reittier und als Zugtier vor dem Wagen hat den Personen- und Warentransport in den altweltlichen Kulturen revolutioniert. In dieser Hinsicht war das Pferd unter den Haustieren von einzigartiger Bedeutung.

Esel

Als Stammform des Hausesels gilt die einzig heute noch lebende Wildeselart, der Afrikanische Wildesel (*Equus africanus*). Ihm gehören zwei Unterarten an: der Nubische Wildesel und der Somali-Wildesel. Der Wildesel ist ein charakteristischer Bewohner der Wüsten und Halbwüsten. Seine Haustierwerdung vollzog sich spätestens in der ersten Hälfte des 4. Jahrtausends v. Chr., und zwar im Bereich der Kulturen des Vorderen Orients. Der Esel ist ein Haustier, das für einen ganz speziellen Aufgabenbereich, nämlich als Last-, Zug- oder Reittier, domestiziert worden ist.

Hühner

Hühner stellen das älteste Hausgeflügel dar. Stammform der Haushühner ist das in Südostasien beheimatete Bankivahuhn. Sichere Belege für ihre Domestikation stammen aus dem 3. Jahrtausend v. Chr.

Gänse

Als Stammform aller Gänserassen gilt die Graugans. Eine Ausnahme bildet die Höckergans. Sie stammt als einzige Gans von der in Ostasien verbreiteten Schwanengans ab. Die ältesten Belege für die Domestikation der Gans reichen in die Zeit des alten Ägyptens zurück.

Die Graugans ist die Stammform beinahe aller Gänserassen und wurde bereits im alten Ägypten von Menschen gehalten.

Puten

Die Domestikation der Truthühner oder Puten erfolgte in den indianischen Kulturen Mittel- und Nordamerikas. Bald nach der Entdeckung Amerikas durch spanische Seefahrer am Ende des 15. Jahrhunderts gelangten die ersten Tiere nach Europa. Frei lebende Truthühner kommen heute noch von Pennsylvania (USA) bis zu den bewaldeten Hochländern Südmexikos vor.

Enten

Die Stockente gilt als Stammform aller noch lebenden Hausentenrassen. Über die Anfänge der Entendomestikation ist bislang nur wenig bekannt. Aus dem alten Ägypten und Mesopotamien gibt es vereinzelte Hinweise für eine Entenhaltung. Tonstatuetten von Enten aus China im 3. Jahrtausend v. Chr. belegen eine lange Geschichte der Entendomestikation auch in diesem Erdteil.

Die Stockente ist die Stammform unserer Hausentenrassen. (Foto: Arche Warder)

Seltene Nutztiere im Porträt

Poitou-Esel – groß, schwer und zottelig

Er ist wirklich ein echter Blickfang, der Poitou-Esel. Kein Wunder, denn er ist zwar nicht der größte, wohl aber der schwerste Esel überhaupt. Bis zu 450 Kilogramm kann ein Poitou-Hengst auf die Waage bringen, und mit einer Widerristhöhe bis zu 1,5 Meter hat er durchaus Pferdegröße.

Entstanden ist diese Rieseneselrasse im Südwesten Frankreichs in der Region um die Stadt Poitiers, bekannt als Poitou. Erste schriftliche Überlieferungen der beeindruckenden Langohren stammen aus dem 11. Jahrhundert. Die Statur des Poitou-Esels, so wie wir ihn heute kennen, wird zum ersten Mal sehr detailliert in einer Abhandlung des Französisch-Königlichen Rates aus dem Jahr 1717 beschrieben. Die Zucht von Qualitätseseln war ein einträglicher Beruf, und für besonders große und starke Tiere wurden hohe Preise bezahlt.

Die Poitou-Eselzucht war schließlich so erfolgreich, dass sich Pferdebesitzer in der Region bedroht fühlten und im Jahre 1770 ein Gesetz verlangten, das vorschrieb, alle Poitou-Hengste kastrieren zu lassen. Doch dazu kam es glücklicherweise nicht.

Die Regierung erkannte den Wert des Poitou-Esels, und 1884 wurde das erste Stutbuch für den Riesenesel eingerichtet.

Größere Einbrüche im Bestand gab es in der Zeit um die beiden Weltkriege. Sehr viele Poitous wurden damals geschlachtet, um Fleisch für die hungernde Bevölkerung zu haben.

Poitous dienten in erster Linie der Zucht von Maultieren als Lastenträger. Maultiere sind unfruchtbare Nachkommen einer Pferdestute und eines Eselhengstes. Die Poitou-Hengste waren groß genug, dass man sie mit Kaltblutstuten der Rasse Poitevine Mulassière anpaaren konnte. Bis zum Zweiten Weltkrieg galten Poitou-Hengste als die besten Erzeuger von Maultieren, und die „Mules de Poitou" genossen einen internationalen Ruf als die stärksten und robustesten Maultiere. Bis zu 30 000 Maultiere im Jahr wurden gezüchtet und innerhalb Frankreichs und Europas verkauft. Überall dort, wo schwere Lasten in unzugänglichen Gebieten befördert werden mussten, waren sie im Einsatz.

Lange Zeit waren sie auch unentbehrliche Helfer der französischen Armee. Und schon vor den Napoleonischen Kriegen zogen die Maultiere die schweren Geschütze der Artillerie. Die Tiere waren so stark, dass sie eine Last bis zur Höhe ihres eigenen Körpergewichts (750 Kilogramm) tragen und bis zu 2,5 Tonnen Gewicht ziehen konnten. Damit leisteten die Maultiere einen wesentlichen Beitrag zur Mobilität der französischen, aber auch anderer Armeen.

Die voranschreitende Industrialisierung verdrängte die imposanten Poitous. Als 1970 nur noch einige wenige Tiere übrig waren, startete die französische Regierung ein Zuchtprogramm, um die Riesenesel vor dem Aussterben zu retten.

Mittlerweile geht es mit dem Bestand der langhaarigen Schwergewichte langsam bergauf. Insgesamt gibt es bis heute wieder 500 reinblütige Poitou-Herdbuchtiere.

Steckbrief

Der Kopf ist schwer mit langen, sehr senkrecht getragenen Ohren. Das dunkelbraune Fell ist zottelig und oft verfilzt wie eine Rastamähne. Bei vielen Tieren geht die Farbe auch ins Gelbliche.

Wichtige Merkmale für die Reinrassigkeit eines Poitous sind die hellen Abzeichen an Bauch und Schenkelinnenseiten sowie das helle Mehlmaul und die hellen Augenringe. Verglichen mit anderen Eselrassen ist der Poitou merklich ruhiger und sanfter.

Haltung und Pflege

Esel sind soziale Tiere und sollten nicht einzeln gehalten werden. Wie alle Esel mögen Poitous keine Nässe. Ein Unterstand nach einer Seite offen – schützt sie das ganze Jahr vor Regen, Schnee und Hitze. Generell neigen Poitou-Esel zu Hufproblemen aufgrund eines Inzuchteffektes, sodass gute Pflege und Kontrolle notwendig sind. Auch die Zähne sollten speziell bei älteren Tieren regelmäßig kontrolliert werden.

Bei der Fütterung darf man nicht vergessen, dass Esel ursprünglich aus Steppen- und Wüstengebieten stammen. Gutes Heu und Stroh sind das „tägliche Brot" für Grautiere, auch für die Poitous. Weidegänge auf Flächen mit fettem, eiweißreichem Gras sollten nur zeitlich begrenzt zugelassen werden.

Wichtig bei der Ernährung von Poitous sind ein hoher Rohfaseranteil und strukturreiche Futterbestandteile.

Posaviner –
eine Rarität unter den Pferderassen Europas

(Foto: Kai Frölich)

Der Posaviner ist ein Kaltblut, das seit Jahrhunderten von kroatischen Bauern gezüchtet wird. Der Lebensraum dieser äußerst robusten Pferde sind die Ufer der Save in Kroatien, der größten geschlossenen Auenlandschaft Europas.

Wenn sie nicht zur Arbeit benötigt werden, leben Posaviner bis heute halb frei in den Auen, vom Frühling bis in den späten Herbst, bei kargem Futter. Nur bei extremen Überschwemmungen und Schneefall kommen sie in die Ställe.

Die Pferderasse kann prinzipiell ganzjährig draußen gehalten werden und trägt dabei zum Erhalt der einzigartigen Landschaft bei.

Das Ergebnis dieser Hutewirtschaft genannten Beweidungsform, die früher in vielen Regionen Europas durchgeführt wurde, sind offene Wald- und Wiesenlandschaften mit immens großem

(Foto: Heidrun Schmitz/Arche Warder)

Artenreichtum. Unterstützt wird der Posaviner dabei zum Beispiel vom Turopoljer Schwein (siehe Seite 54). Doch nicht jede Pferde- oder Schweinerasse eignet sich für die Hutewirtschaft. Dies funktioniert nur mit Tieren, die speziell für diese Standorte gezüchtet und damit über einen langen Zeitraum an die spezifischen Bedingungen vor Ort angepasst wurden.

Gegen Ende des 19. Jahrhunderts wurde der Posaviner häufiger als Zugpferd für Straßenbahnen in Wien und Budapest eingesetzt. Zu diesem Zeitpunkt versuchte man auch durch die Einkreuzung von schwereren Kaltbluthengsten den Posaviner größer und massiger zu züchten. Später, unter kommunistischer Herrschaft, wurden weitere Versuche in diese Richtung unternommen, jedoch ohne den gewünschten Erfolg.

In den Kriegswirren der 1990er-Jahre, als Titos Jugoslawien auseinanderbrach, wurden die Posaviner Herden von Soldaten und der hungernden Bevölkerung drastisch dezimiert.

Seit einigen Jahren bemüht man sich, die kleine Population von rund 800 überlebenden Posavinern systematisch zu erhalten und zu erweitern. Einige Züchter haben sich im Züchterverband des Posaviner Pferdes „Hrvatski Posavac“ zusammengeschlossen.

(Foto: Arche Warder)

Steckbrief

Keine andere Pferderasse hat sich so gut an die feuchten Flächen des Save-Ufers angepasst wie dieses kleine Kaltblut.

Trotz langen Stehens im feuchten Untergrund neigen die Hufe nicht zur Ausbildung der Huffäulnis. Ferner haben die Hufe besonders breite Trachten, die das Gewicht der schweren Tiere im sumpfigen Gelände besser verteilen.

Die Widerristhöhe beträgt 143 Zentimeter bei den Stuten, 150 Zentimeter bei den Hengsten. Braune, Dunkelbraune, Rappen und Grauschimmel kommen vor, manchmal auch Füchse. Der Kopf ist relativ groß mit einer breiten Stirn und spitzen, kleinen Ohren. Hals, Schulter und Kruppe sind stark bemuskelt. Der Rücken ist breit. Mähnen- und Schweifhaar sind dicht und gelockt.

Ausdauer, Widerstandsfähigkeit gegen Witterung, geringste Ansprüche an die Futterqualität, ausgezeichnetes Sozialverhalten, hohe Fruchtbarkeit und ein ruhiger Charakter sind die herausragenden Eigenschaften dieser Pferde.

Der Posaviner ist universell einsetzbar: im Wald, auf dem Acker, vor der Kutsche, als Reitpferd und in der Landschaftspflege, insbesondere an nassen Standorten.

Alt-Oldenburger – prachtvolle Kutschpferde

Schon in einer Quelle von 1587 heißt es, dass Oldenburgs fette Ochsen und schöne Pferde weithin bekannt waren. Bereits seit 1580 hatte Graf Johann von Oldenburg orientalische, spanische und neapolitanische Pferde importiert und gab nun die Zuchtleidenschaft auch an seinen Sohn Anton Günther von Oldenburg weiter, der mit einer systematischen Pferdezucht begann.

Die Grundlage dafür bildete damals das friesische Pferd, das ein leichtes Kaltblut gewesen sein soll. Diese Pferde veredelte Graf Anton Günther durch den Ankauf edler Hengste aus England, Spanien, der Türkei und Nordafrika.

Recht schnell wurden die Oldenburger Pferde europaweit bekannt. König Leopold I. ritt an seinem Hochzeitstag im Jahr 1666 auf einem imposanten schwarzen Oldenburger Hengst. Seine Frau fuhr in einer Kutsche, die von acht dunklen Oldenburgern gezogen wurde.

In Oldenburg hat es nie ein Landesgestüt gegeben, die Züchter setzten schon immer auf Privathengsthaltung. 1820 organisierten sich die Züchter in einem Verband. Erste Hengstkörungen fanden statt und das gekrönte „O" wurde als Brandzeichen eingeführt. Ein Stammregister gibt es seit 1861.

Bis ins 20. Jahrhundert hinein wurden die schweren Warmblüter vor allem in der Landwirtschaft auf mittelschweren Böden und im Fuhrgewerbe eingesetzt. Die Armee nutzte sie als Trosspferde und für die bespannte Artillerie. Ab Mitte des 20. Jahrhunderts ließ aufgrund der rasanten technischen Entwicklung das Interesse an dieser außergewöhnlichen Pferderasse immer mehr nach. Durch massiven Einsatz von Vollblut- und Hannoveraner Hengsten begann ab den 1960er-Jahren die Umzüchtung auf das Reitpferd. Der ursprüngliche Typ des Alt-Oldenburgers wurde mehr und mehr verdrängt.

Von ihrer Faszination haben diese Pferde allerdings nichts verloren. Es grenzt schon beinahe an ein Wunder, dass eine kleine Restpopulation den Niedergang der Rasse überlebte. Anfang der 1980er-Jahre fanden sich einige Züchter zusammen, die sich um den Erhalt der Ostfriesen und Alt-Oldenburger sorgten. Sie gründeten 1986 den Zuchtverband für das Ostfriesische und Alt-Oldenburger Pferd, der 1988 vom Land Niedersachsen als eigenständiger Zuchtverband anerkannt wurde. Heute leben im Oldenburger Raum nur noch wenige Tiere. Etwas weitere Verbreitung gibt es in den traditionellen Nachzuchtgebieten in Polen und Ostdeutschland.

Steckbrief

Die Alt-Oldenburger zeichnen sich durch ein ausgesprochen ruhiges, ausgeglichenes Temperament aus.

Energische, effektvolle Trabbewegungen, Ausdauer und ein guter Charakter sind ihre herausragenden Merkmale. Die Farbe ist Braun, Dunkelbraun oder Schwarz mit wenigen Abzeichen.

Das Stockmaß beträgt 157 bis 168 Zentimeter bei einem Gewicht von 550 bis 650 Kilogramm. Aufgrund ihres kräftigen Knochenbaus, der großen und gesunden Hufe sowie der körperlichen Robustheit sind die Alt-Oldenburger als Wagen- und Reitpferde sehr gut geeignet.

Im Turniersport sind die schweren Warmblüter vor allem im Fahren bis Klasse S erfolgreich. Reiter, die viel Wert auf ruhige und umgängliche Pferde legen, sind von dieser Rasse begeistert. Um die Blutlinien nicht zu eng werden zu lassen, ist der Einsatz anderer schwerer Warmblutrassen (zum Beispiel aus Thüringen/Sachsen oder aus Polen) im Zuchtprogramm möglich.

Rund 200 Stuten und 17 Hengste sind im Herdbuch eingetragen (Stand: 2009).
Die Arche Warder und andere Zuchtbetriebe kämpfen um den Erhalt dieser edlen Pferde. Denn sie sind nicht nur ein bedeutendes Kulturgut, sondern auch eine wichtige genetische Reserve.

Exmoor-Pony - ein Relikt aus der Urzeit

(Foto: Arche Warder)

Die letzte Eiszeit, die vor rund 10 000 Jahren endete, überlebten verschiedene Wildpferdunterarten. Nach dem gegenwärtigen Wissensstand geht man jedoch davon aus, dass mit Ausnahme des Mongolischen Wildpferdes, besser bekannt als das Przewalski-Pferd, heute alle Wildpferde ausgestorben sind.

Was das Exmoor-Pony betrifft, so gibt es zu sei-ner Entwicklungsgeschichte zwei Theorien. Fest steht, dass sich diese kleine Ponyrasse aus dem weitläufigen Exmoor, einem abgeschiedenen Hochmoorgebiet im Südwesten Englands, über Jahrhunderte ohne menschliche Eingriffe vermehrte. Bis heute ist allerdings noch nicht ganz eindeutig geklärt, ob es sich doch um direkte Nachkommen eiszeitlicher Wildpferde handelt oder aber um verwilderte Hauspferde, wie beispielsweise die Pferde der Camargue oder nordamerikanische Mustangs. Die erste Theorie besagt somit, dass mit dem Exmoor-Pony ein weiteres europäisches Wildpferd überlebt hat. Im England der letzten Eiszeit konnten sich die wilden Ponys möglicherweise in gletscherfreie Bergregionen wie das Exmoor zurückziehen - ein einzigartiges, uraltes Refugium für wild lebende Pferde. Hier entwickelten sie sich im Laufe der Jahrhunderte zu dem, was sie heute sind: eine äußerst widerstandsfähige und bestens an Nässe und Kälte angepasste Pferderasse. Die zweite Theorie besagt dagegen, dass Exmoor-Ponys eine normale Haustierrasse sind, es sich also um verwilderte Hauspferde handelt.

Einen endgültigen Beweis können nur genetische Vergleichsuntersuchungen mithilfe von Analysen des genetischen Materials erbringen. Daran wird heute gearbeitet.

Die Exmoor-Ponys waren früher eine relativ unbekannte Pferderasse. Sie galten als „ursprüng-

lich" gebliebene Pferde, aber nicht als etwas Besonderes. Der Zweite Weltkrieg hätte für sie zudem beinahe das Aus bedeutet. Nur 50 Tiere, darunter vier Hengste, bildeten nach dem Krieg den Grundstock für einen Neubeginn.

Die bereits 1921 gegründete „Exmoor Pony Society" förderte und steuerte den Neuaufbau der Zucht in Wildgestüten. Heute schätzt man den Gesamtbestand der Exmoor-Ponys in England auf rund 500 Tiere. Die meisten Herden im Exmoor befinden sich in Privatbesitz. Zugefüttert wird jedoch selbst bei extremer Witterung so gut wie gar nicht. Der einzige Eingriff ist das jährliche Zusammentreiben im Herbst. Dabei werden die Fohlen von den Inspektoren der „Exmoor Pony Society" begutachtet und registriert.

Als ein wichtiger Ableger wurde 1995 die „Deutsche Exmoor-Pony-Gesellschaft" gegründet, um die Erhaltungszucht voranzutreiben. Wie auch in Großbritannien werden in Deutschland Exmoor-Ponys zur Landschaftspflege in Naturschutzgebieten eingesetzt. Die Arche Warder betreibt ein Kooperationsprojekt mit der Stiftung Naturschutz, in denen Exmoor-Ponys zusammen mit Highland-Rindern auf sogenannten Wilden Weiden leben.

Steckbrief

Exmoor-Ponys haben braunes bis dunkelbraunes Fell, eine lange Mähne, ein helles Maul (Mehlmaul) und eine helle Umrandung der Augen. Die meisten Ponys zeigen an der Bauchseite ausgeprägte Aufhellungen. Diese Färbung ist für das Leben im Hochmoor eine sehr gute Tarnung. Das Stockmaß der Ponys liegt zwischen 116 und 128 Zentimeter.

Neben Gras und Kräutern als Hauptnahrung ernähren sich Exmoor-Ponys im Winter auch von Zweigen und Gehölztrieben. Die relativ kurzen, starken Beine gewähren Stabilität, Stehvermögen und Trittsicherheit auch in anspruchsvollstem Gelände.

Das Fell, das im Winter aus zwei Schichten besteht, schützt die Ponys optimal vor der rauen Witterung ihrer Heimat. Das kurz und elastisch abstehende Deckhaar leitet den Regen ab und isoliert so gut, dass sogar Schnee auf dem Rücken liegen bleibt, ohne zu schmelzen. Dank dem dichten, fettigen und geradezu wasserdichten Unterhaar dringt keine Nässe nach innen und keine Wärme nach außen. Das starke Unterhautfettgewebe schützt zusätzlich vor Nässe und Kälte. Die Ponys unterkühlen dadurch selbst bei extremer Witterung nicht.

Exmoor-Ponys sind intelligent und kinderlieb. Sie tragen trotz ihres kleinen Körperbaus auch kleine, leichte Erwachsene. Da sie sehr trittsicher sind, werden sie gern beim Trekking eingesetzt. Sie eignen sich auch gut als Wagenpferde.

SCHLESWIGER KALTBLUT – die gutmütigen Dicken

Noch vor 60 Jahren fand man Schleswiger Kaltblutpferde auf fast jedem schleswig-holsteinischen Bauernhof. Diese gutmütigen, kräftigen Arbeitspferde zogen den Pflug, brachten die Ernte nach Hause und den Dung aufs Feld.

Aber auch in den Städten sah man die Kraftprotze. Von der Jahrhundertwende bis in die 1960er-Jahre zogen sie zum Beispiel Straßenbahnen in Berlin und Brauereiwagen in Hamburg.

Nach Herkunft und Entwicklung geht das Schleswiger Kaltblut auf den dänischen Jütländer zurück, einer sehr alten Kaltblutrasse, die schon im Mittelalter als Streitross beliebt war. Die jütische Kaltblutzucht wiederum war außerordentlich stark geprägt von einem gewaltigen Shire-Horse-Hengst, der um 1860 aus England importiert worden war. Shire Horses sind mit bis zu zwei Meter Schulterhöhe bis heute die größten Pferde der Welt.

Nach dem Ersten Weltkrieg stammten alle Schleswiger Hengste von dem 1893 geborenen Hengst „Aldrup Munkedal“ ab. Dessen Nachkommen wurden von den Züchtern so geschätzt, dass sich ein Erbmerkmal - die Fuchsfarbe - bis heute durchsetzt.

Schlagartig an Bedeutung verloren die Schleswiger und andere schwere Pferderassen durch den Einsatz der Traktoren in der Landwirtschaft.

Innerhalb von 30 Jahren schrumpfte der Bestand von über 25 000 auf nur noch wenige Tiere Mitte der 1970er-Jahre. Die Rasse stand praktisch vor dem Aus. Auf 40 Stuten kam nur noch ein Hengst. Der Züchter Jürgen Isenberg von Gut Kamp in Schleswig Holstein machte sich daher auf die schwierige Suche nach einem Hengst, der typmäßig in die Zucht passte. Er fand ihn 1977 in Dänemark: Mit dem Jütländer Hengst „Odin“ gelang es, den Niedergang einer ganzen Pferderasse abzuwenden.

Nur einer Handvoll Züchtern ist es zu verdanken, dass heute wieder 200 Stuten und rund 30 Hengste im Zuchtbuch stehen.

Steckbrief

Das Schleswiger Kaltblut ist ein mittelgroßes Pferd. Es ist massig, aber nicht unproportioniert, mit einem schönen, leicht geramsten Kopf (Nasenrücken nach außen gewölbt), großen Ohren und kräftigen Beinen. Die Rasse ist zugstark und dabei trotzdem wendig. Typisch ist der seidige Behang.

Das Stockmaß liegt zwischen 156 und 162 Zentimetern bei einem Gewicht von rund 800 Kilogramm. Es ist ein ausdauerndes, robustes Arbeitspferd mit elastischer, raumgreifender Aktion in Schritt und Trab.

Schleswiger werden heute als Wagen- und Freizeitreitpferde genutzt, aber auch wieder in der Landwirtschaft. Außerdem werden sie immer mehr als Holzrückepferde in der Forstwirtschaft und in Baumschulen eingesetzt.

Für den Einsatz der Pferde als „Waldarbeiter“ sprechen vielerlei Gründe. So belasten die Pferdehufe den Waldboden wesentlich geringer als die üblichen schweren Waldmaschinen, und sie tragen keine Schadstoffe wie Öl oder Abgase in das Waldökosystem und in Trinkwasserschutzgebiete ein. Wenn es darum geht, einzelne, geschlagene Bäume herauszuziehen, gewährleisten Pferde einen schonenden Einsatz, während Maschinen zu oft Schäden an gesunden Bäumen verursachen.

ENGLISCHES PARKRIND – die altenglische Schönheit

Das Englische Parkrind ist vermutlich die älteste heute noch erhaltene Hausrindrasse. Früheste Nachweise gehen auf das 5. Jahrhundert v. Chr. zurück. Der erste schriftliche Beleg für die Existenz der Parkrinder findet sich in fast 2000 Jahre alten irischen Sagen. Die Beschreibungen dort treffen ziemlich genau auf dieses schöne weiße Rind mit den schwarzen Ohren zu.

Die Herkunft dieser Rinderrasse liegt weitgehend im Dunkeln, zumal ihre Blutgruppe unter den westeuropäischen Rinderrassen als einzigartig gilt. Einige Experten vermuten, dass die Kelten sie um 650 bis 50 v. Chr. mit nach England brachten. Ihre Priester, die Druiden, hätten die weißen Rinder als Symbol religiöser Reinheit verehrt und sie ihren Göttern geopfert.

Es gibt Anzeichen dafür, dass Parkrinder im Her-denverband durch die Wälder Englands und Schottlands streiften, also in Freiheit lebten, bis sie ab dem 12. Jahrhundert von adeligen Herren in großen eingefriedeten Parks (daher der Name Parkrinder) gehalten wurden. Insbesondere die beachtlichen Hörner der Bullen waren beliebte Jagdobjekte und Statussymbole des Adels. Zur genaueren Unterscheidung wurden die einzelnen Herden nach den Namen der jeweiligen Parks benannt.

Die Dynevor-Herde aus der Zeit vor 1200 dürfte die älteste der so entstandenen Herden sein. Die Entstehung der Chartley- und Chillingham-Herden in England sowie der Cadzow-Herde in Schottland lassen sich bis in die Mitte des 13. Jahrhunderts zurückverfolgen.

Knapp 600 Jahre später interessierte sich auch Charles Darwin für die Chillingham-Herde. Ihn faszinierte vor allem die Abschottung der Herde von Fremdeinflüssen. Im Rahmen seiner Studien

Albig baut jetzt auf

Neuer Konzeptansatz für Nachnutzung des MFG-5-Areals: Bauhafen

Kiel. Lange hat sich die Stadt mit der politisch nicht unumstrittenen Bewerbung als Bauhafen für eine feste Beltquerung beschäftigt, jetzt ist die Verwaltungsspitze umgeschwenkt. Wenn das MFG 5 im Jahr 2012 wirklich abzieht, soll die Zukunft des Holtenauer Areals in der Offshore-Windanlagenproduktion liegen

Von Konrad Bockemühl

Neue Nachnutzungs-Perspektive rund um Offshore-Windanlagen

Wer von diesem Wachstumsmarkt profitieren wolle, so Oberbürgermeister Torsten Albig, müsse sich zeitnah positionieren. Ihm schwebt ein Cluster rund um das Thema Windindustrie vor, in dem Kieler Unternehmen und Institutionen maßgeblich mitmischen könnten.

Damit ist für Albig das Thema Bauhafen vom Tisch. Es hätte nicht nur für lebhafte politische Diskussionen (vor allem grünen Widerstand) gesorgt. Auch sonst gibt es zahlreiche Unbekannte: Zum einen, argumentiert der OB, sei über die Zukunft des MFG 5 das allerletzte Wort womöglich doch noch nicht gesprochen, allemal nicht über den Zeitpunkt des vom Verteidigungsministerium geplanten Umzuges ins niedersächsische Nordholz. Vor diesem Hintergrund könne die Stadt, die einerseits massiv für den Bundeswehrstandort Kiel werbe, sich nicht andererseits binden, das Gelände ab 2012 für einen Bauhafen zur Verfügung

hin zur (Kosten-) Abwägung Tunnel oder Brücke. Der auf rund acht Jahre befristete Bauhafen lasse die Anschlussnutzung offen – für den Einstieg in den derzeit boomenden Markt der Offshore-Windanlagen sei es dann jedoch absehbar zu spät. Das Energie- wie das Wachstumspotenzial auf Nord- und Ostsee seien gewaltig, hier würden in den kommenden drei

menten (wie Turmabschnitte oder Gründungskörper) im Blick. Nach ersten Konzeptansätzen der KiWi stimmen dafür die Größe wie auch die Wassertiefe an der Kaikante und die (schwerlastfähige) Zuwegung.

Die Pläne passten in die „Offshore-Strategie für Schleswig-Holstein", die zukunftsfähige Branche könnte das städtische Profil als

Raritäten auf der Weide – Heute: Telemarkrind

Sie gehören zu den letzten Vertretern ihrer Art. Viele alte Nutztierrassen wie das Angler Sattelschwein und das Vorwerkhuhn sind vom Aussterben bedroht oder sehr selten geworden. Doch es gibt Menschen, die sich für den Erhalt der traditionellen Rassen einsetzen. Der Kieler Journalist und Kochbuchautor Jens Mecklenburg stellt in dieser Serie alte Rinder-, Schweine- und Geflügelrassen, Ziegen und Schafe vor. Es sind Tiere, die zu Unrecht in Vergessenheit gerieten, und es sind „Flüchtlinge" aus fremden Welten, die im Norden eine neue Heimat fanden. Fotografiert werden sie von Ingo Wandmacher. Folge 58.

Das Telemarkrind ist die älteste norwegische Rinderrasse. 1856 wurde das kleine, schmale, lang gestreckte Rind zum ersten Mal der Öffentlichkeit auf einer Ausstellung präsentiert. Es war die erste Rasse, die im hohen Norden professional gezüchtet wurde. Die Heimat des Rinds liegt im südlichen Norwegen in der Region Telemark, sie wurde namensgebend.

Das hübsche rot-weiß, rotbraun gefleckte Rind überzeugte die Norweger durch hohe Robustheit, durch eine für damalige Verhältnisse hohe Milchleistung und durch seine gute Anpassung an die schöne aber raue Fjord-, Wald- und Gebirgsgegend. Als Milchrind gezüchtet, stand vor allem die nur 1,2 Meter große Telemarkkuh (Widerristhöhe) im Vordergrund. Sie wurde so beliebt, dass sie zu einer Art Nationalsymbol avancierte.

Mit ihrer Zucht wurde auch die „Husdyrkontrollen" eingeführt, eine Art staatliche Haustierkontrolle, in der heute etwa 90 Prozent der norwegischen Milchproduzenten als Mitglied geführt sind.

Trotz imposanter Hörner – jedes Tier besitzt eine etwas andere Hörnerform – ist das Tier äußerst friedfertig. Die Kuh bringt 400, der Bulle 500 Kilogramm auf die Waage. Die Milchleistung pro Tier und Jahr liegt bei rund 4000 Kilogramm.

Früher eine stolze Leistung, für heutige Verhältnisse wenig. So wundert es nicht, dass größere Rinderrassen, die mehr Milch geben, nach Norwegen geholt wurden und die ehemals großen Bestände des Telemarkrindes im Laufe der Jahrzehnte stark zurückgingen. Es stand kurz vor dem Aussterben.

Heute besinnt man sich wieder mehr der Traditionskuh, etwa 700 Telemarkkühe sind zurzeit registriert. Zum Vergleich: Die heute gängigste Milchrasse Norwegens ist die „NRF-Kuh" mit 300 000 Tieren. Mit ihnen wird 98 Prozent der norwegischen Milchproduktion eingefahren.

Das Telemarkrind schätzt man heute vor allem als „vierbeinigen" Landschaftspfleger, der seinen Beitrag zum Erhalt traditioneller bäuerlicher Kulturlandschaft leistet. Die Bauern, die Telemarkrinder halten, bekommen den höchsten staatlichen Zuschuss.

Einige Tiere der seltenen Telemarkrinder weiden im Nutztierpark Arche Warder. Fleisch wird nicht vermarket. Infos unter www.telemarkfe.no

Nächste Folge: Deutsches Edelschwein

zur Entstehung der Arten unterzog er die Jahrhunderte von „Fremdblut“ frei gehaltene Herde, die deshalb einem hohen Inzuchtgrad unterlag, von 1862 bis 1899 einer Langzeitstudie.

1919 wurde in England ein Verband zum Schutz der Parkrinder gegründet. Man betrachtete das „White Park Cattle“ als schützenswertes britisches Kulturgut und exportierte 1940 sicherheitshalber einen Bullen und fünf Kühe in die USA, um sie vor den Nationalsozialisten zu sichern. Nach dem Zweiten Weltkrieg wäre die Rasse fast ausgestorben.

Auch heute zählen Parkrinder zu den hoch gefährdeten Rinderrassen. Insgesamt gibt es nur noch ungefähr 1000 Tiere, die meisten verteilt auf verschiedene Herden in England, einige in den USA. In Deutschland leben rund 50 Tiere, die meisten stammen aus der Arche Warder. Der Tierpark besitzt mit rund 25 Tieren die einzige größere Zuchtherde. Um Inzucht zu vermeiden, sind von Zeit zu Zeit Importe von neuen Parkrindern aus England nötig. Zuletzt kaufte die Arche Warder 2008 einen Bullen und vier Kühe aus der Ash-Herde in Südengland.

Steckbrief

Das Englische Parkrind ist äußerst robust, sehr genügsam, winterhart und langlebig. Es kann ganzjährig draußen gehalten werden.

Typisch für das Parkrind ist seine weiße Farbe mit einigen schwarzen Flecken in der Kopf- und Halsregion sowie oberhalb der Hufe. Ohren, Maul und Augenlider sowie die Oberseite der Zunge sind schwarz.

Parkrinder haben beachtlich große Hörner. Die Rasse ist ruhig, ausgeglichen und verfügt über ein ausgeprägtes Sozialverhalten.

Parkrinder werden vorwiegend zur Fleischerzeugung und zur Landschaftspflege gehalten.

Ungarisches Steppenrind –
heute wieder eine Attraktion der Puszta

(Foto: Kai Frölich)

Die genaue Herkunft des Ungarischen Steppenrindes liegt im Dunkeln. Man nimmt an, dass die Magyaren - ein asiatisches Reitervolk - diese außergewöhnlich ausdauernden und langlebigen Rinder im 9. Jahrhundert bei der Besiedlung der ungarischen Tiefebene aus dem Osten mitbrachten. Eine andere Theorie besagt, dass die Rinder ursprünglich aus Italien oder aber den Balkanstaaten stammen. Das kräftige Rind gehört zu den Langhornrinderrassen. Es zog zuverlässig den schweren Ochsenkarren, sein Fleisch und seine Milch waren wichtige Nahrungsmittel. Das Fell schützte die Hirten während des gesamten Jahres vor Regen, Sonnenschein und Schnee. Handwerker lebten von der Verarbeitung seiner Produkte. Aus dem Horn zum Beispiel fertigten sie Büchsen für Salz, Paprika oder Salben sowie Blashörner. Die Produkte trugen jahrhundertelang zur materiellen und kulturellen Entwicklung des Landes bei.

Bereits im Mittelalter waren die Ungarischen Steppenrinder auch im Ausland, vor allem in Österreich, Italien und Deutschland, sehr beliebt. Ihr Fleisch war einst ein wichtiges Exportgut und in abenteuerlichen Trecks wurden riesige Herden der halbwilden Tiere bis in die Städte im Westen getrieben.

Allein auf den Viehmärkten in Nürnberg wurden im 17. Jahrhundert alljährlich 70 000 Steppenrinder verkauft. Der zentrale Viehmarkt und Schlachthof in Wien war ebenso ein großer Umschlagplatz für die grauen Rinder. Noch heute zeigt eine Skulptur am Haupttor des Schlachthofes St. Marx ein Ungarisches Steppenrind mit einem Hirten.

Um 1895 gab es rund 1,25 Millionen Steppenrinder, die damit rund 95 Prozent des ungarischen Rinderbestandes ausmachten. Neben dem Fleisch wurde die Arbeitskraft des Steppenrindes außerordentlich geschätzt. Bereits im 19. Jahrhundert, während der ersten Intensivierung der Landwirtschaft, hatte sich das Steppenrind zum hervorragenden Arbeitstier entwickelt.

Gegen Ende des 19. Jahrhunderts begann dann der Niedergang dieser Rinderrasse. Da Ungarn keine eigene Milchrasse besaß, versuchte man die Steppenrinder durch Einkreuzung zu veredeln. Durch fortgesetzte Anpaarung mit Simmentaler Rindern entstand als neue Rasse das Ungarische Fleckvieh.

Die Population der Steppenrinder wurde immer mehr an den Rand gedrängt. Zu Beginn der 1950er-Jahre wurden 450 Rinder im Nationalpark Hortobagy unter Schutz gestellt. Nur noch knapp 200 Tiere gab es Mitte der 1960er-Jahre. Dass die aussterbende Rasse überlebt hat, ist dem wachsenden Tourismus in der Puszta zu verdanken. Die Touristen schätzen die grauen Steppenbewohner. An die 2000 Tiere grasen heute wieder in Ungarn.

Steckbrief

Ungarische Steppenrinder sind groß und hochbeinig. Sie haben insgesamt eine schlanke Erscheinung. Man sieht ihnen an, dass sie ausdauernd marschieren können.

Die Schulterhöhe beim Stier ist 155 Zentimeter, bei der Kuh 145 Zentimeter.

Die Stiere erreichen ein Gewicht von 950 Kilogramm, die Kühe rund 300 Kilogramm weniger.

Das Fell ist durchweg hellgrau gefärbt, bei Bullen treten manchmal dunklere Partien an Kopf, Hals und Hinterhand auf. Die Kälber sind nach der Geburt zunächst rötlich braun. Im Alter von zwei bis drei Monaten hellt sich das Fell auf und beginnt grau zu werden.

Die Tiere haben ein dunkles Flotzmaul (der Bereich von Naseneingang und Oberlippe), außerdem helle, bis zu einem Meter lange Hörner. Die Färbung der Hörner ist meist creme-farben, die Spitzen weisen eine dunkle, fast schwarze Pigmentierung auf. Der Kopf ist schmal und geht in einen langen und flachen Hals über. Die langen dunklen Wimpern dienen als Sonnenschutz.

Steppenrinder sind zähe Tiere mit sehr harten Klauen. Mit den kargen Gräsern der Puszta-Weiden kommen sie sehr gut zurecht.

ANGLER RIND ALTER ZUCHTRICHTUNG – klimafest und gut zu Fuß

Eine wunderschöne alte Rinderrasse Schleswig-Holsteins ist heute leider zur Seltenheit geworden: das Angler Rind. Einst Vorzeigekuh auch weit über das nördlichste Bundesland hinaus, summiert sich der Restbestand der Angler alten Typs heute nur noch auf rund 400 Tiere.

Seinen Ursprung hat das Angler Rind in der Landschaft Angeln, der Region zwischen Schlei und Flensburger Förde. Der erste schriftliche Hinweis stammt aus dem 16. Jahrhundert.

Bereits im 19. Jahrhundert wurde mit der planmäßigen Zucht begonnen. Nachdem 1856 auf einer Ausstellung in Paris Angler Rinder mehrfach ausgezeichnet worden waren, interessierten sich auch Abnehmer aus anderen Ländern für diese Rasse. Zum Teil zu ungewöhnlich hohen Preisen gingen Angler zunächst nach Dänemark und Schweden, später auch nach Polen, Russland und Böhmen, ja selbst nach Italien und Argentinien.

Durch gezielte Einkreuzungen mit Rotvieh aus Dänemark und Schweden wurde in den letzten Jahrzehnten die ohnehin schon gute Milch- und Fleischleistung der Angler Rinder noch gesteigert. Dadurch wandelte sich die Rasse jedoch erheblich. Die alte Zuchtrichtung wurde fast völlig verdrängt.

Geschätzt wurde das Angler Rind wegen seiner hohen Milchleistung und den wertvollen Inhaltsstoffen der Milch. „Schönmädchen" hieß die Angler Kuh, die bereits 1928 die 10 000-Liter-Milchmarke Jahresleistung erreichte. Aber nicht nur auf die Menge, sondern auch auf die Inhaltsstoffe kommt es an. Mit einem Fettgehalt von 5,4 Prozent in der Milch – üblich sind 4,1 Prozent – wurde das Angler Rind schon früh als „deutsche Butterkuh" bezeichnet. Diese positive Eigenschaft beschleunigte einige Jahre später dann den Niedergang, als beim Milchpreis die Milchmenge höher bewertet wurde als die Milchinhaltsstoffe.

Bis heute gilt, dass die Milch der Angler Rinder besonders viel Kappa-Kasein-B enthält und gut zur Herstellung von Käse geeignet ist. Kasein ist der Eiweißanteil der Milch, der zu Käse weiterverarbeitet werden kann. In Italien wurde aus diesem Grund eine Herde des Angler Rindes aufgebaut. Die Milch wird getrennt von der Milch anderer Rinderrassen zu Parmesan verarbeitet, damit das Ergebnis verglichen werden kann. Im Jahr 2006 war Italien der größte Importeur von Färsen des Angler Rindes.

Steckbrief

Das Angler Rind alter Zuchtrichtung besitzt noch die ursprünglichen Eigenschaften, die bei klassischen Hochleistungsrassen nicht mehr so ausgeprägt vorhanden sind: ein ökonomisches Verhältnis von Gesamtfutteraufwand zur Milchleistung, ausgewogene Milchinhaltsstoffe, Langlebigkeit, leichte Kalbungen und geringe Kälberverluste sowie eine hervorragende Marschfähigkeit. Die Tiere sind mittelgroß, lang und schmal.

Die Fellfarbe ist Dunkelrot bis Sattbraun. Das Angler Rind hat sehr gute Hufe und ist bekannt dafür, dass es sehr lange Strecken laufen kann.

Das Fleisch der Angler ist sehr zart. Es hat einen geringen Bindegewebsanteil und ein gutes Safthaltevermögen. Außerdem lagert das Angler Rind im Verhältnis mehr Fett in den Muskeln ab, was das Fleisch sehr wohlschmeckend macht.

Während die „Hochleistungsrassen" heute drei bis vier Kalbungen erleben, sind beim Angler Rind sieben Kalbungen möglich, die fast immer problemlos verlaufen. Der Anteil der Grundfutterversorgung mit Gras, Klee und Grassilage zur Erbringung der Milchleistung beträgt bereits 50 Prozent, sodass nicht zu viel Kraftfutter zugekauft werden muss. Dessen Preis auf dem Weltmarkt steigt kontinuierlich wegen der Nachfrage nach Milchprodukten in Asien.

Buntes Bentheimer Schwein – oder warum ein bisschen Fett nicht schaden kann

Nur einer Handvoll störrischer Bauern ist es zu verdanken, dass es die Bunten Bentheimer Schweine heute noch gibt. Allen voran Gerhard Schulte-Bernd aus dem Bentheimerischen Isterberg, der seit den 1950er-Jahren über mehrere Jahrzehnte seine „Swartbunten" gehegt und gepflegt hat und ein eigenes Zuchtbuch führte, als das offizielle Herdbuch längst geschlossen war.

Er hielt an den Bentheimern fest, weil für ihn das weiße, wässerige Schweinefleisch, das von mageren Rassen aus benachbarten Ländern seit den 1960er-Jahren den Markt überschwemmte, eine Zumutung war.

Schweine mit schwarzen Flecken auf grauer oder weißer Haut gab es in Mitteleuropa schon seit Jahrhunderten. Aber erst um 1840 begann man im westlichen Niedersachsen mit der gezielten Zucht gescheckter Schweine. Bauern in den Landkreisen Bentheim und Cloppenburg kreuzten englische Cornwall- und Berkshire-Schweine mit deutschen Marschschweinen. Zur Weiterzucht wurden nur die bunt gescheckten, schlappohrigen Ferkel verwendet. So entstand aus diesen drei Rassen eine neue: das Bunte Bentheimer.

1955 schließlich wurde offiziell ein Zuchtverein gegründet. Zu dieser Zeit befand sich die Rasse allerdings schon im Niedergang. Nachdem es lange Zeit ein beliebter Lieferant hochwertiger Fleisch- und Wurstprodukte gewesen war, geriet das Bentheimer Schwein nun in die Mühlen des sich ändernden Verbraucherverhaltens und -geschmacks. Jetzt war fettarmes Fleisch gefragt, und das konnten die Bunten Bentheimer nicht bieten. Die Zucht wurde Stück für Stück aufgegeben, bis nur noch die Gruppe um Bauer Schulte-Bernd übrig blieb.

Seit 1988 wird wieder ein Zuchtbuch geführt. Dennoch gilt das Bunte Bentheimer Schwein weiterhin als stark gefährdet.

Bunte Bentheimer bald berühmt für leckeren Schinken?

Luftgetrocknete Schinken aus Italien und Spanien sind wegen ihres intensiven Aromas weltweit begehrt. Aber auch in Deutschland gibt es luftgetrocknete, ungeräucherte Schinken, die den Vergleich nicht zu scheuen brauchen. Das Geheimnis eines wirklich guten Schinkens dieser Art liegt zum einen in einer traditionellen Herstellungsweise, die gänzlich auf Nitritpökelsalz und chemische Zusätze verzichtet. Sehr wichtig ist allerdings auch die Ernährung und artgerechte Haltung der Schweine, deren Hinterkeulen verarbeitet werden. Immer mehr Betriebe in Westfalen setzen auf die alte Rasse „Bunte Bentheimer". Frische Luft und viel Bewegung führen zu dem erwünschten festen Fleisch.
Nach dem Vorbild der berühmten spanischen Pata-Negra-Schweine werden die westfälischen Bentheimer am Ende der Mast mit Eicheln gefüttert, was dem Fleisch einen nussigen, aromatisch ausgewogenen Geschmack gibt.

Steckbrief

Das Bunte Bentheimer Schwein ist mittelgroß und lang gestreckt. Den Kopf kennzeichnen eine breite Stirn und mittelgroße Schlappohren. Die markante bunte Zeichnung umfasst einige bis zahlreiche schwarze Flecken auf rosa oder hellgrauer Haut. Das Schwein ist stressstabil, robust und genügsam in der Haltung.

Bunte Bentheimer sind eine eigenständige Rasse. Eine „Blutauffrischung" mit anderen regionalen Schlägen ist nicht möglich, weil damit das Bunte Bentheimer Schwein unwiderruflich verloren ginge.

Die Bunten Bentheimer Schweine sind ideal für die Weidehaltung, trotzen ungemütlichem Wetter und sind gute Futterverwerter. Im Stall bei konventionellem Kraftfutter würden sie verfetten. In der heutigen Zeit passen diese Eigenschaften sehr gut zu den Vorgaben von Bioverbänden, die für Schweine Auslauf, Licht und viel Luft vorschreiben.

Angler Sattelschwein – mit Sattel, aber nicht zum Reiten

Begonnen hatte die Geschichte des Angler Sattelschweins in den 1920er-Jahren. Noch keine 100 Jahre alt, hat diese Schweinerasse bereits eine sehr bewegte Vergangenheit aufzuweisen und steht heute leider recht weit oben auf der Roten Liste der bedrohten Nutztierrassen in Deutschland.

Bis zum 19. Jahrhundert wurde in Schleswig-Holstein das „Holsteinische und Jütländische Marschschwein" gehalten, von dem das Angler Sattelschwein abstammt. Zur Verbesserung der Zucht machte sich im Jahr 1926 ein Landwirt aus Süderbrarup in der Region Angeln im Norden Schleswig-Holsteins nach England auf und kaufte dort eine tragende Sau der „Wessex Saddleback"-Rasse.

Man erhoffte sich von der Einkreuzung mit der - ebenfalls schwarzbunt gefärbten englischen Sattelschweinrasse rascheren Wuchs und eine bessere Ferkelzahl pro Wurf. Der erwünschte Erfolg stellte sich ein, und in den folgenden Jahren wurden weitere Schweine dieser Rasse aus England importiert, bis dann im Jahr 1937 das Angler Sattelschwein als neue Schweinerasse offiziell anerkannt wurde.

Zu diesem Zeitpunkt war das Angler Sattelschwein mit über 80 000 Tieren die in Schleswig-Holstein am weitesten verbreitete Schweinerasse. Die hervorragenden Muttereigenschaften, die gute Weidefähigkeit und die Anspruchslosigkeit in der Haltungsform hatten das Angler Sattelschwein ungeheuer populär gemacht.

Der Speck, der noch bis nach dem Zweiten Weltkrieg hoch geschätzt war, wurde den Schweinen dann später zum Verhängnis. Bereits ab Mitte der 1950er-Jahre wuchs die Nachfrage nach fettarmem Schweinefleisch – damit konnte das Sattelschwein nicht dienen. Weg vom Fett war nun die Devise, hin zu mageren Schweinerassen.

Anfang der 1990er-Jahre gab es in den alten Bundesländern nur noch zehn Angler Sattelschweine. Vermutlich wäre es sogar ganz ausgestorben, wenn nicht eine 1991 gegründete Züchtergemeinschaft alles darangesetzt hätte, diese Rasse zu erhalten. Um den kümmerlichen Bestand wieder aufzufrischen, wurden Sattelschweine aus Ungarn reimportiert sowie ein noch existierender Bestand aus der ehemaligen DDR übernommen.

Steckbrief

Das Angler Sattelschwein verdankt seinen Namen dem weißen „Sattel", der sich über die Schulter und die Vorderbeine hinzieht. Die Körpergröße der Sauen beträgt bis zu 84 Zentimeter bei einem Gewicht bis zu 300 Kilogramm. Die beachtlichen Eber erreichen Schulterhöhen von über 90 Zentimeter und bringen bis zu 350 Kilogramm auf die Waage.
Die Rasse ist robust gegenüber extremen Witterungsbedingungen und anspruchslos in der Futterwahl. Sie eignet sich hervorragend für ökologisch wirtschaftende Betriebe mit Hütten- und Weidehaltung.

Besonders hervorzuheben sind die sehr guten Muttereigenschaften. Die Sauen bekommen zwei Würfe im Jahr mit jeweils bis zu zehn bis zwölf Ferkeln.

Schweine sind zwar Allesfresser, lieben jedoch Abwechslung im Futtertrog. Das Grundfutter besteht meist aus Getreide, Körnerleguminosen, Ackerbohnen und Grünfutter.

Da Schweine keine Schweißdrüsen besitzen und daher ihre Körpertemperatur nicht durch Schwitzen regulieren können, müssen sie sich bereits ab einer Lufttemperatur von 23 Grad Celsius abkühlen können – entweder in Schlamm- oder Wasserbädern. Ein positiver Nebeneffekt ist, dass im Schlamm lästige Insekten und Plagegeister eingebacken werden. Die getrocknete Kruste wird am nächsten Scheuerpfahl abgeschubbert.

TUROPOLJER – das Schwein, das tauchen kann

(Foto: Kai Frölich)

Die Geburtsstunde des Turopolje-Schweins geht auf das Jahr 1777 zurück. Damals wurden unter der Herrschaft von Kaiserin Maria Theresia dunkle Schweine aus England nach Kroatien gebracht. Vermutlich waren es Berkshire- oder gefleckte Leicester-Eber, die mit den lokalen, weiß-grauen Siska-Schweinen Kroatiens gekreuzt wurden. In den folgenden 130 Jahren soll kein fremdes Blut in dieses Zuchtgebiet gebracht worden sein, sodass 1911 die Turopolje-Schweine als selbständige Rasse anerkannt wurden.

Man hat über sehr lange Zeit die Tiere weitergezüchtet, die perfekt an das Leben in den Überschwemmungsgebieten der Save-Auen angepasst waren. Turopoljer sind ausgezeichnete Schwimmer, und nicht selten tauchen sie nach Wasserpflanzen und sogar Muscheln.

Das Turopolje-Schwein hat eine bis zu 15 Zentimeter dicke Speckschicht und dichte Borsten, die es vor Kälte und Hitze schützen. Damit ist es bestens an die ganzjährige Freilandhaltung als Weideschwein angepasst. Bis zum Ausbruch des serbisch-kroatischen Krieges 1991 hatte der traditionsreiche Fleischverarbeitungsbetrieb Gavrilovic in Petrinja alle Mastschweine aus dem Turopolje-Bestand zur Salamiproduktion aufgekauft.

Zur Blütezeit des Turopoljers Ende der 1950er-Jahre wurden 58 000 Tiere in den Save-Auen von Schweinehirten gehalten. Trotzdem war es mit den Beständen seit den 1960er-Jahren stetig bergab gegangen. Man begann die Auenwälder entweder abzuholzen oder intensiver zu nutzen, sodass der Lebensraum für die Schweine immer kleiner wurde. Ende der 1980er-Jahre gab es nur noch

150 Exemplare. Der Krieg brachte die Rasse an den Rand des Aussterbens. Wilderei und Schießübungen von Soldaten ließen nur wenige Turopolje-Schweine überleben. Die letzten rund 30 reinrassigen Tiere, die in einem Stall eines alten Schweinezüchters in Sicherheit gebracht worden waren, konnten ins Hinterland und ins Ausland nach Österreich gerettet werden.

Seit dem Kriegsende 1999 bemüht sich die Verwaltung des Naturparks Lonjsko Polje, die Zucht der Turopoljer wieder neu aufzubauen. Auch in Österreich zeigen die Zuchtanstrengungen nach anfänglichen Schwierigkeiten erste Erfolge.

Der Tierpark Arche Warder hat die größte Turopolje-Zuchtgruppe in Deutschland. Hier leben die Tiere in einem einzigartigen und artgerechten Gehege mit großem Schwimmteich.

Steckbrief

Das Turopolje-Schwein ist mittelgroß, wird bis zu 250 Kilogramm schwer und hat eine graue Grundfarbe mit kleineren und größeren schwarzen Flecken, die unregelmäßig über den ganzen Körper verteilt sind. Die dicht am Körper anliegenden Borsten sind gleichmäßig stark und an einigen Stellen leicht gekraust. Als Landrasse können aber große Farbvariationen auftreten.

Typisch für den Kopf ist der halblange Rüssel mit dem leicht eingedellten Nasenrücken sowie die mittellangen, leicht hängenden Ohren. Die Klauen sind dunkel pigmentiert und sehr hart. Die Tiere haben kräftige, im Verhältnis zu anderen Rassen relativ lange Beine.

Die Turopoljer sind eine spätreife Rasse, die mit zwei Jahren ausgewachsen sind. Bei artgerechter Haltung können die Turopolje-Schweine ihre wahre Leistung – zum Beispiel die sehr gute Raufutterverwertung – entfalten.

Das Fleisch eignet sich hervorragend für Dauerwurstwaren sowie für festen, kernigen Speck.

Turopolje-Schweine stellen aufgrund ihrer Ursprünglichkeit und Robustheit eine wertvolle Genreserve für die Schweinezucht dar.

Mangalitza – mal blond, mal rot, mal schwalbenbäuchig

Das Mangalitza-Schwein stammt ursprünglich aus Südosteuropa. Es wurde in Serbien, Rumänien, Bulgarien und Ungarn mit anderen Landschweinrassen veredelt und weitergezüchtet.

Der Name Mangalitza bedeutet so viel wie „walzenförmig“. Anderen Quellen zufolge leitet es sich von dem serbokroatischen Wort „mangulica“ ab, was so viel wie „leicht fett werdend“ heißt.

Schon im 13. Jahrhundert wird in Ungarn von „wolligen, fetten Schweinen“ berichtet. Doch das Wollschwein, wie wir es heute kennen, dürfte erst Anfang des 19. Jahrhunderts entstanden sein. Obwohl es fast immer als typisch ungarisches Schwein betrachtet wird, liegen die Wurzeln des Mangalitzas in Serbien.

Ursprünglich gab es vier Farbvarianten: Blonde, Rote, Schwalbenbäuchige und Schwarze.

Das Blonde Mangalitza geht auf das serbische Sumadija-Schwein zurück, welches mit dem ungarischen Bakonyer-Schwein und dem Szalontaer-Schwein gekreuzt wurde. Das Rote Mangalitza ist eine Kreuzung des Blonden Mangalitzas mit dem kroatischen Syrmien-Schwein und damit kleiner als das Blonde Mangalitza. Das Schwalbenbäuchige Mangalitza, ursprünglich aus der Kreuzung von Blonden Mangalitzas mit kroatischen Syrmien-Schweinen entstanden, ist schwarz mit Ausnahme des unteren Halsbereiches und der unteren Bauchseite. Das Schwarze Mangalitza gilt als ausgestorben.

Um 1900 gab es noch mehr als 6,5 Millionen Wollschweine, die die Steppen in Ungarn und Rumänien in extensiver Herdenhaltung überall das Landschaftsbild prägten. Oft wurden sie über Hun-

(Foto: Carol Frölich)

derte von Kilometern bis zum Schlachthof nach Wien getrieben. Um 1950 war das Mangalitza in halb Europa vertreten und stand aufgrund der Menge und Qualität seines Specks ganz oben auf der Speisekarte. Schinken und Salami vom Mangalitza galten als hochwertige Delikatesse.

Nach dem Zweiten Weltkrieg reduzierte sich die Wollschweinzucht drastisch, da sich das Konsumentenverhalten langsam änderte: „Weg vom Fett" war nun die Devise, hin zu magereren Schweinerassen. Dabei ist Fett der wichtigste Geschmacksgeber im Fleisch, und eine ausgewogene Marmorierung mit Fett, das viele ungesättigte Fettsäuren enthält, wertet dieses Fleisch erheblich auf.

Inzwischen gehören Mangalitzas zu den vom Aussterben bedrohten Nutztierrassen. Aber es gibt Hoffnung. Während in Deutschland nur kleine Bestände und Einzeltiere landwirtschaftlich genutzt werden, gibt es mittlerweile wieder wachsende Bestände in Ungarn, Rumänien und anderen südosteuropäischen Ländern.

Steckbrief

Das Wollschwein ist robust, anspruchslos und wenig stressanfällig. Durch das dichte und lockige Haarkleid ist es gegen Kälte und Sonnenbrand geschützt und dadurch für die ganzjährige Freilandhaltung hervorragend geeignet. Generell sind Schweine ausgesprochene Freilandtiere – wenn sie industriell gehalten werden, verringert sich ihre Paarungslust.

Die Borsten waren früher sehr begehrt als Stopfmaterial im Sattlergewerbe. Wenn die Tiere wie im Tierpark Arche Warder artgerecht gehalten werden, werfen sie ihr dickes, gekräuseltes Winterfell im Frühjahr ab. Das Sommerfell ist etwas weicher und kürzer, sodass die dunkle Haut durchscheint und die Tiere insgesamt dunkler wirken. Dunkel gefärbt sind auch Lider, Rüsselscheibe und Klauen.

Die Ferkel sind wie Wildschweinfrischlinge längs gestreift – ein Zeichen für die Ursprünglichkeit dieser Rasse.

Die Eber erreichen eine Schulterhöhe von circa 80 Zentimeter und ein Gewicht von 200 bis 300 Kilogramm. Die Sauen sind etwas kleiner und im Schnitt 50 Kilogramm leichter.

Dort wo die Bestände ausreichend groß sind, wird aus dem dunklen Fleisch heute wieder die original ungarische Salami zubereitet. Als weitere Spezialitäten gelten der Speck und das Spanferkel.

Thüringer Waldziege – Ziege mit Schweizer Blut

In Thüringen und besonders im Kreis Erfurt gab es seit langer Zeit eine intensive Ziegenzucht. Im Gegensatz zum Rind oder zum Pferd hat man Ziegen jedoch erst seit dem Ende des 19. Jahrhunderts nach speziellen Rassen gezüchtet. Um die Qualität der bodenständigen Thüringer Landschläge anzuheben, importierte man ab 1897 regelmäßig Toggenburger Böcke aus der Zentralschweiz. Insbesondere die Milchleistung und die Widerstandsfähigkeit sollten verbessert werden. Die Toggenburger Ziegen sind bis heute bekannt als robuste und milchreiche Rasse.

Mit dieser sogenannten „Verdrängungskreuzung" entstand im Laufe der Jahre zunächst die Thüringer-Toggenburger Ziege. Später entwickelte sie sich zu einer von der Toggenburger Ziege klar abgrenzbaren, eigenständigen Rasse. 1935 wurde sie offiziell anerkannt und erhielt den Namen Thüringer Waldziege.

Nach kurzer Blütezeit in den Jahren nach dem Zweiten Weltkrieg gingen die Bestände in den folgenden Jahrzehnten immer stärker zurück. Hatte man bei einer Viehzählung im Januar 1936 noch 57105 Thüringer Waldziegen ermittelt, war der Herdbuchbestand im Jahr 2002 auf etwas über 500 Tiere zusammengeschrumpft.

Heute sind nur noch zwei Zuchtlinien vorhanden. 1988 wurden wiederum einige Toggenburger Ziegen in die Population eingekreuzt, um einer verstärkten Inzucht entgegenzuwirken. In den letzten Jahren konnte der Bestand glücklicherweise deutlich erhöht werden. Es wird allerdings noch einige Zeit dauern, bis das Überleben dieser stattlichen Ziegenrasse gesichert ist. Inzwischen betreiben 106 Züchter in 13 Bundesländern wieder die Zucht dieser Ziegenrasse. Über 700 weibliche Tiere verzeichnen die Herdbuchzüchter gegenwärtig, 45 Prozent davon leben in Thüringer Ställen.

Schon immer war es so, dass Ziegen den Menschen mit wenig Aufwand viel Nutzen bringen. Sie brauchen weder teures Kraftfutter noch komfortable Ställe. Der jährliche Ertrag kann weit über dem Tierwert liegen – während zum Beispiel eine Kuh pro Jahr nur einen Viertel ihres Marktwertes liefert. Die Ziege ist durchaus wählerisch und prüft mit Nase und Zunge, was sie frisst. Da sie aber im Gegensatz zu Rind und Schaf auch stark aromatische und salzhaltige Kräuter, an Zellulose reiche Pflanzen sowie das Laub von Bäumen und Büschen verdauen kann, überlebt sie auch an Orten, wo andere Haustiere verhungern müssten. Die Thüringer Waldziege ist daher auch hervorragend für die Landschaftspflege geeignet.

Steckbrief

Die Thüringer Waldziege fällt durch ihre beeindruckende Größe auf. Die Widerristhöhe liegt zwischen 70 und 85 Zentimeter und das Gewicht zwischen 40 und 70 Kilogramm.

Sehr typisch sind auch die hellen Streifen in der Gesichtsmaske und die hell gesäumten Ohren, die den Tieren ein besonders freundliches Erscheinungsbild verleihen.
Ebenso charakteristisch sind die kurzen, glatt anliegenden Haare, deren Farbe von Hell- bis Schokoladenbraun reicht. Hin und wieder treten auch schwarze Tiere in der Rasse auf, die früher nicht sehr geschätzt wurden, heute aber einige Liebhaber finden.

Die Tiere können gehörnt oder ungehörnt vorkommen. Die Milchleistung liegt bei 700 bis 1000 Kilogramm im Jahr und damit gut über dem Durchschnitt. Außerdem zeichnen sich diese Ziegen durch eine hohe Fruchtbarkeit und häufige Mehrlingsgeburten aus.

Neben der Nutzung als Milchtiere werden die Ziegen auch aufgrund ihres an ungesättigten Fettsäuren reichen Fleisches gehalten.

Die Thüringer Waldziege ist extrem robust und widerstandsfähig. Ursprünglich für die im Thüringer Wald herrschenden Bedingungen gezüchtet, machen den Tieren harte Winter und hohe Niederschlagsmengen kaum etwas aus. Aufgrund dieser Eigenschaften ist diese Ziegenrasse auch gut für die Landschaftspflege geeignet.

Skudde – zierliche Landschaftspfleger

Die Skudden sind eine alte Landschafrasse und gehören wie die Heidschnucken (siehe Seite 64) zu den kurzschwänzigen nordischen Heideschafen. Die zierlichen Schafe zählen mit zu den ältesten Haustierrassen. Fasern aus Skuddenwolle, die in Grabstätten in der Nähe der Wikingersiedlung Haithabu bei Schleswig gefunden wurden, belegen, dass diese Rasse bereits vor 2 000 Jahren als Nutztier gehalten wurde. Aus dieser Gegend, so vermuten Wissenschaftler, haben sich die Skudden über den gesamten nordeuropäischen Kontinent verbreitet – von den Shetlandinseln bis weit ins Baltikum.

Fest steht, dass die Skudde von jeher das Landschaf Ostpreußens, besonders Masurens, war. Ihre enorme Fähigkeit, in extensiver Haltung auf nährstoffarmen Standorten zu gedeihen und dabei schmackhaftes, wildbretartiges Fleisch zu produzieren, machten sie auf mageren Flächen großer Güter ebenso beliebt wie bei Kleinbauern und Tagelöhnern. Die Einführung großer Leistungsschafrassen Mitte des 20. Jahrhunderts verlegte die Skuddenhaltung mehr in die Hände „kleiner Leute". Dies tat aber der Rasse wenig Abbruch, bis man versuchte, die Skudde durch Kreuzung zu veredeln. Der Versuch scheiterte, da es kaum Nachkommen gab.

Seit 1945 gilt die Skudde in ihrer ursprünglichen Heimat Ostpreußen als ausgestorben und wird in Deutschland auf der Roten Liste der gefährdeten Nutztierrassen als gefährdet geführt. Zum einen entspricht die raue Mischwolle, die für den Allwetterschutz der Tiere hervorragend geeignet ist, nicht mehr den heutigen Ansprüchen der Textilindustrie. Zum anderen sind die Tiere sehr leicht: Selbst starke Böcke wiegen gerade mal ein Drittel von dem, was herkömmliche Fleischschafrassen auf die Waage bringen.

Die heutige deutsche Skuddenzucht geht im Wesentlichen auf wenige Tiere zurück, die 1941 vom Münchner Zoo gekauft worden waren und von dort aus den Weg zu anderen Tiergärten, später auch zu Einzelzüchtern fanden.

Raritäten auf der Weide – Heute: Skudde

Sie gehören zu den letzten Vertretern ihrer Art. Viele alte Nutztierrassen wie das Angler Sattelschwein und das Vorwerkhuhn sind vom Aussterben bedroht oder sehr selten geworden. Doch es gibt Menschen, die sich für den Erhalt der traditionellen Rassen einsetzen. Der Kieler Journalist und Kochbuchautor Jens Mecklenburg stellt in dieser Serie alte Rinder-, Schweine- und Geflügelrassen, Ziegen und Schafe vor. Es sind Tiere, die zu Unrecht in Vergessenheit geraten sind oder „Flüchtlinge" aus fremden Welten, die im Norden eine neue Heimat gefunden haben. Fotografiert werden sie von Ingo Wandmacher. Folge 40.

Die kleinste deutsche Schafrasse – die Skudde – ist sehr alt und gehört zu den nordischen, kurzschwänzigen Heideschafen. Fasern aus Skuddewolle, die in Grabstätten in der Nähe der Wikingersiedlung Haithabu gefunden wurden, bezeugen, dass die Rasse bereits vor 2000 Jahren als Nutztier gehalten wurde.

Von hier, so vermuten Wissenschaftler, haben sich die Skudden über den gesamten nordeuropäischen Kontinent – von den Shetland-Inseln bis ins Baltikum – verbreitet. Besonders im ehemaligen Ostpreußen prägte das äußerst robuste, an raue Umgebung anpassungsfähige Schaf über Jahrhunderte das Landschaftsbild. Dass es in tensiver Haltung auf nährstoffarmen Böden sehr gut gedeiht und sich dabei schmackhaftes, wildbretartiges Fleisch anfuttert, machte es bei Großgrundbesitzern wie Kleinbauern und Tagelöhnern beliebt. Mit Einführung neuer Leistungsrassen wurde die Skudde immer mehr zum Schaf „der kleinen Leute". Sie kommt übrigens in den Farben weiß, schwarz, gelegentlich braun oder grau vor. Der Versuch, sie durch Kreuzung zu „veredeln", scheiterte, da es kaum Nachwuchs gab. Seit 1945 gilt die Skudde in ihrem Heimatland als ausgestorben und wird in Deutschland auf der Roten Liste der gefährdeten Nutztierrassen geführt. Das liegt zum einen an ihrer rauen Mischwolle, die nicht mehr den heutigen Ansprüchen der Textilindustrie entspricht – den Tieren aber einen hervorragenden Allwetterschutz garantiert – und an ihrem geringen Gewicht: Selbst große Böcke wiegen gerade mal ein Drittel dessen, was herkömmliche Fleischschaf-Rassen auf die Waage bringen: um 50 Kilogramm. Die kleine deutsche Skuddenzucht (einige Hundert Tiere) geht im Wesentlichen auf die wenigen Tiere zurück, die 1941 vom Münchner Zoo erworben wurden und von dort den Weg in andere Tiergärten und später zu Einzelzüchtern fanden. Das besondere Kennzeichen des vermutlich direkten Nachfahren des jungsteinzeitlichen Schafes ist das große, schneckenartig gewundene Gehörn des Bocks. Beeindruckend!

Lässt man Skudden, wie sie früher gehalten wurden, ungestört auf großen, vielfältig bewachsenen Naturflächen weiden, so werden sie im Verhalten einem Rudel Wild immer ähnlicher. Skudden sind von Natur aus scheu, sehr lebhaft und äußerst aufmerksam. Stampfen und fauchen sie, sollte man einen großen Bogen um sie machen. Auch menschliche Berührungen mögen sie nicht. Wegen ihrer Anspruchslosigkeit sind sie hervorragende Landschaftspfleger. Als lebendes Kulturgut sollte man das Wikingerschaf auch bei uns im Norden hegen und pflegen. Im Norden findet man die Skudde bei einigen Hobbyzüchtern, im Wikinger Museum Haithabu und im Nutztierpark Arche Warder. Fleisch wird nicht vermarktet.

Infos: www.schafzucht.de/html/skudden

Nächste Folge: Dexter

fremde Welt

Filme aus USA, dem Iran und der Türkei

Berlin – Der traditionell harte Dienstag, das Bergfest des Festivals, war auch dieses Jahr Knochenarbeit. Über filmische Leichtgewichte würde die Kritik sich natürlich noch mehr mokieren. Um die zerfurchten Stirne zu glätten, zierte das Festival den Wettbewerbstag außer Konkurrenz mit der eher harmlosen amerikanischen Komödie *Please Give*.

Vom Berlinale-Wettbewerb berichtet Gerald Koll

Ganz geschmeidig-witzig wird da drei Generationen bei ihren Problemen mit dem Älterwerden zugesehen. Der Film eröffnete mit Catherine Keener nach all den Männermonstern der letzten Tage nun die Frauensaison, unabhängig davon, dass schon die erste Minute mehr Brüste zeigte als die 20 Filmstunden zuvor – die erste Szene spielte bei der Mammografie. Insgesamt freilich wirkt die Komödie von Nicole Holofcener recht harmlos zwischen den existenziellen Tiefenbohrungen aus der Türkei und dem Iran.

Der Iraner Rafi Pitts war schon 2006 im Wettbewerb. In *Zeit des Zorns* übernimmt er selbst die Hauptrolle. Er ist der sichtbare Beweis dafür, dass der Iran ab und zu etwas Kritik durchgehen lässt. Die Zensur ließ Pitts' Skript passieren, in dem ein Familienvater durchdreht, nachdem seine Frau und sein Sohn während einer Demonstration durch Querschläger getötet werden. Der Witwer erschießt zwei Polizisten und wird zum Gejagten. Nun beginnt die Jagd. Zwei Polizisten schnappen ihn, verlaufen sich im Wald, verzanken sich heillos – ein tüchtiger Seitenhieb gegen die planlose Staatsgewalt. Die iranische Zensur gab Pitts das Prädikat C: Er durfte drehen, bekam aber keine Förderung. Es wurde ein Guerilla-Film, verstockt und verbittert, sichtbar mit sparsamen Mitteln inszeniert, reich an Regen, voll stummer Bilder der Einsamkeit, geizig mit jedem Wort. Von Sprachlosigkeit handelte auch *Honey*, der eine sehr fremde Welt aus den türkischen Bergen ausbreitet. Immerhin schenkt er dem Tag das Gesicht eines reizenden Kna-

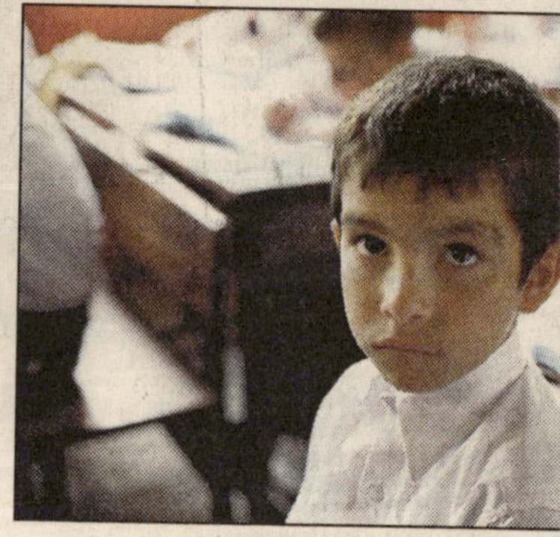

Ein Pappsarg und eine Kugel

Lille – Ein nordfranzösisches Provinztheater ist mit einer neuartigen Einladung an die Medien übers Ziel hinausgeschossen: Mehrere Journalisten erstatteten An-

Christoph Schlingensie

Im „Forum expanded" der Berlinale zeigt er den Stummfilm „Inferno"

In der Arche Warder gibt es 20 Skudden. Einige Tiere des Bestandes sind an das Wikingermuseum in Haithabu ausgeliehen. Dies ist nicht nur eine Bereicherung für das Freilichtmuseum, sondern auch für den Schutz des Genpools ist es wichtig, dass die wenigen verbliebenen Tiere an verschiedene Orte verteilt werden.

Steckbrief

Die Skudde ist widerstandsfähig, anspruchslos und fruchtbar. Mit nur 50 Zentimetern Widerristhöhe ist sie ein relativ kleines Schaf. Es handelt sich aber keineswegs um Zwergschafe wie zum Beispiel das französische Quessant-Schaf, wie oft behauptet wird. Skudden sind eher „normal" klein, während andere Rassen groß gezüchtet wurden.
Mit 50 bis 55 Kilogramm haben Böcke im Vergleich zu anderen Schafen ein relativ geringes Gewicht. Mutterschafe liegen 5 bis 10 Kilogramm darunter. Das mischwollige Vlies ist weiß, schwarz oder goldbraun.

Die Böcke haben stets schneckenförmige Hörner, die bis zu 70 Zentimeter lang werden können. Die Mutterschafe sind hornlos oder mit Hornstummeln ausgestattet. Die Ohren der Skudden sind auffallend klein. Auch die Klauen sind zierlich, dafür aber extrem hart. Kennzeichnend ist der kurze, oben bewollte und unten behaarte Schwanz.
Da die Böcke nicht aggressiv sind, eignen sich Skudden gut für die Haltung in Streichelgehegen und für die Landschaftspflege.
Die Robustheit und Vitalität dieser Schafe sind herausragend. Hält man Skudden wie früher mit wenig menschlicher Einmischung auf großen, vielfältig bewachsenen Flächen, so werden sie im Verhalten einem Rudel Wild immer ähnlicher. Skudden sind von Natur aus scheu, sehr lebhaft und ungeheuer aufmerksam. Stampfen und Fauchen drücken Abwehr aus. Berührungen weichen Skudden am liebsten aus, betrachten Ungewöhnliches aus sicherem Abstand und entziehen sich im Zweifelsfall durch Flucht.

Für die an magere Standorte angepassten Skudden sind fette Weiden Gift. Salz sowie bei Bedarf gutes Stroh und ein paar belaubte Zweige reichen bei Weidegang aus, als Winterfutter eignet sich spät gemähtes Heu von ungedüngten Wiesen. Skudden überwintern bei gutem Unterstand am liebsten im Freien. Wegen ihrer Anspruchslosigkeit eignet sich die Skudde im Rahmen der Landschaftspflege besonders für Flächen mit geringem Nährstoffangebot unter rauen Klimabedingungen. Durch ihr sehr geringes Gewicht entstehen auch bei der Koppelschafhaltung keine Trittschäden.

Jakobschaf - eine biblische Rasse

(Foto: Kai Frölich)

Das Jakobschaf ist eine uralte Rasse, die vermutlich aus dem Heiligen Land stammt und bereits in der Bibel erwähnt wird.

Der moderne Name Jakobschaf bezieht sich auf die Geschichte Jakobs in der Bibel im Buch Genesis, wo Jakob als Entlohnung von seinem Schwiegervater Laban alle gefleckten Tiere erhält.

Mit den arabischen Eroberern kamen die Schafe ab dem 8. Jahrhundert über Nordafrika nach Spanien. Spanische Seeleute haben Jakobschafe aufgrund ihrer ausgesprochenen Genügsamkeit auch auf ihren Schiffen gehalten. Beim Untergang der Armada vor der englischen Küste im August 1588 konnten sich einige Tiere an Land retten. Mancher Lord war so angetan von dem aparten Äußeren der Jakobschafe, dass er sie fortan in Parks hielt. Auf zahlreichen englischen Gemälden des 18. Jahrhunderts ist dann auch das ehemals hochgeschätzte Jakobschaf abgebildet.

Der Wirtschaftswert des Jakobs-Schafes blieb jedoch gering, und so galten die gefleckten Schafe zu Beginn des 20. Jahrhunderts als beinahe ausgestorben. 1969 wurde die „Jacob Sheep Society" zur Erhaltung und Rettung der biblischen Schafrasse gegründet. Heute gibt es weltweit einige Tausend Jakobschafe, die meisten in England, einige Hundert in Deutschland.

Steckbrief

Allein die zwei bis vier Hörner dieser Tiere verleihen dem Schaf ein imposantes Aussehen. Es gibt sogar Tiere mit sechs Hörnern. Bereits ein paar Wochen nach der Geburt ist erkennbar, ob es ein Zwei- oder Vierhornlamm ist. Im Konkurrenzkampf der Böcke kann später schon mal ein Horn verloren gehen.

Jakobschafe sind klein bis mittelgroß. Die weiblichen Tiere wiegen zwischen 40 und 60 Kilogramm, die Böcke zwischen 50 und 80 Kilogramm. Bei den auf Gewicht gezüchteten englischen Tieren bringen es einige Böcke auf bis zu 90 Kilogramm. Jakobschafe werden im Durchschnitt 70 bis 80 Zentimeter groß und etwa 15 Jahre alt. Die Böcke sind mit zwei bis drei Jahren ausgewachsen. Die weiblichen Schafe haben einen ausgeprägten Mutterinstinkt.

Jakobschafe sind eine genügsame und robuste Landschafrasse. Sie haben mageres, sehr schmackhaftes und dem Wildbret ähnliches Fleisch.

Das Fell ist weißgrundig mit braunen oder schwarzen Flecken. Die Wolle ist sehr gut zum Spinnen, aber auch zum Färben und Filzen geeignet. Die Vliese sind vor allem von Handspinnern sehr begehrt, weil sie durch die verschiedenen Farben interessant zu verarbeiten sind. Sie sind relativ klein, wiegen zwischen 1,5 und 3 Kilogramm und haben eine Stapellänge von etwa 80 bis 150 Millimeter, in Ausnahmen bis zu circa 170 Millimeter. Sie enthalten wenig Lanolin und sind sehr offen, enthalten dadurch allerdings häufig auch viel Schmutz. Die Wollqualität ist weit gefächert und reicht von sehr weich mit leichtem Glanz bis zu rau mit Stichelhaar.

Auf zu schweren Böden neigen sie zur Verfettung. Als Nahrung bevorzugen sie Gräser, Kräuter, Blätter, Knospen und Triebe.

(Foto: Kai Frölich)

Weisse Gehörnte Heidschnucke – immer etwas im Hintergrund

Die Weiße Gehörnte Heidschnucke gehört zusammen mit der Weißen Hornlosen Heidschnucke und der Grauen Gehörnten Heidschnucke zur Rassegruppe der Schnucken. Als solche bezeichnet man kleine, leichte Landschafe, die besonders gut an das Leben in Heide und Moor angepasst sind.

Heidschnucken zählen zu den ältesten Schafrassen Mitteleuropas, wobei der genaue Zeitpunkt ihrer Entstehung nicht auszumachen ist. Sie sind ausgesprochen genügsame Tiere, die man schon von jeher auf kargen Böden und Heideflächen hielt und die es schafften, von dem dort wachsenden Nahrungsangebot zu leben.

Bis zum Ende des 19. Jahrhunderts erfolgte keine Differenzierung nach weißer oder grauer Farbgebung oder Behornung. Nur vereinzelt hielt man Bestände mit ausschließlich weißen Tieren. Damals hatte Schafwolle noch einen großen Wert. In vielen Haushalten wurde die Wolle versponnen und auch aus der etwas gröberen Heidschnuckenwolle stell-

te man diverse Strickwaren her. Die weiße Heidschnuckenwolle war sehr begehrt, da die Wolle der Tiere gefärbt werden konnte.
1905 richtete die Landwirtschaftskammer von Hannover sogenannte Stammherden für graue und weiße Schnucken ein. Die Anerkennung der Weißen Gehörnten Heidschnucke erfolgte indirekt mit Gründung des Verbandes der Lüneburger Heidschnuckenzüchter 1949. Zu diesem Zeitpunkt gehörten 31 000 Tiere – ausschließlich Graue Gehörnte Heidschnucken – zu dieser Züchtervereinigung.

Die Weiße Gehörnte Heidschnucke hatte nie ein zusammenhängendes Zuchtgebiet. Der Zuchtverband Weser-Ems ist für diese Rasse zuständig, und die Herden, insbesondere die ausgewählten, im Zuchtbuch geführten Stammherden, waren über das gesamte Weser-Ems-Gebiet verteilt. Heute werden die Weißen Gehörnten Heidschnucken in der Landschaftspflege, besonders in sehr trockenen Gebieten Schleswig-Holsteins und Niedersachsens eingesetzt.

Steckbrief

Die Weiße Gehörnte Heidschnucke ist ein genügsames, mischwolliges Landschaf. Es ist extrem wetterhart, aktiv und robust. Der lange, keilförmige Kopf trägt schneckenförmige Hörner bei den Böcken und sichelförmig nach hinten gebogene Hörner bei den weiblichen Tieren.

Das mischwollige Vlies soll reinweiß und gleichmäßig ausgebildet sein. Das äußere Vlies besteht aus grobem Oberhaar, das innere Vlies aus feinerem, weichem Unterhaar. Kopf, Beine und der kurze Schwanz sollen unbewollt und weiß behaart sein.

Das Fleisch der Heidschnucken ist sehr zart und hat aufgrund der extensiven Haltungs- und Fütterungsbedingungen einen wildbretähnlichen Geschmack. Es wird üblicherweise zu traditionellen Fleischgerichten und/oder Salami verarbeitet.

WALACHENSCHAF – äußerst wachsam mit ausgeprägtem Fluchtverhalten

Seit Urzeiten züchtete der Volksstamm der Walachen Schafe. Als ein Teil des Stammes ab dem 13. Jahrhundert aus Südrumänien auswanderte und in Polen, der Slowakei und Tschechien sesshaft wurde, brachte er seine Schafe mit. 300 Jahre lang haben die Tiere sich in der Abgeschiedenheit der Hohen Tatra und der Beskiden zu einer eigenständigen Rasse entwickelt – und zu Spezialisten für extrem magere und raue Standorte.

Die Walachenschafe sind äußerst wachsam mit ausgeprägtem Fluchtverhalten. Nähert sich ein Wolf, bekommen die Schafe es frühzeitig mit. Die

Bauern hielten Walachenschafe in großen Herden und nutzten besonders die gute Milch, die sie zu Schafkäse verarbeiteten. Die Wolle wurde zur Teppichherstellung verwandt.

Im Rahmen der Planwirtschaft (1948–1989) wurde das Walachenschaf durch Einkreuzung von Milch- und Fleischschafen zum Valaska-Schaf in der damaligen ČSSR und zum Cakiel-Schaf in Polen umgezüchtet. Damit gingen jedoch die rassetypischen Eigenschaften der Walachenschafe, insbesondere die Genügsamkeit, völlig verloren. Die Ursprungspopulation verschwand fast komplett.

Privaten Züchtern ist es zu verdanken, dass ein kleiner Restbestand der Walachenschafe aus der Hohen Tatra erhalten blieb. Heute zahlt die Tschechische Republik Fördergelder für die Zucht. Doch auch wenn die Zahl der Zuchttiere auf 200 Tiere angewachsen ist, kann man noch keineswegs von einem sicheren Rasseerhalt sprechen.

In Deutschland gibt es mittlerweile rund 25 Züchter des Walachenschafes mit insgesamt 150 bis 200 Muttertieren und 50 Zuchtböcken. 2001 konnte noch einmal für eine Blutauffrischung durch Importe von Tieren aus der Hohen Tatra gesorgt werden. Angesichts der immer häufiger auftretenden Tierseuchen, nicht zuletzt der Blauzungenkrankheit, sind diese Zahlen weiterhin alarmierend gering.

Walachenschafe sind eine Schwerpunktrasse in der Arche Warder. Es gibt eine relativ große Zuchtgruppe mit Herdbuchtieren.

Steckbrief

Das Walachenschaf ist kleinrahmig und feingliedrig mit langer grober Mischwolle.

Die Grundfarbe der Tiere ist Weiß. Schwarze Pigmentflecken im Gesicht sorgen für eine individuelle Zeichnung. Es sind aber auch braune Tiere bekannt.

Die Böcke haben prächtige, spiralig gewundene Hörner, auch die Muttertiere sind oft behornt. Walachenschafe sind sehr temperamentvoll, scheu und wachsam. Sie sind robust und genügsam und können ganzjährig im Freiland gehalten werden.

Walachenschafe sind auch bestens für die Landschaftspflege geeignet. Die Trittschäden sind bei den leichtgewichtigen Tieren sehr gering.

VORWERKHUHN – Goldvögel im Partnerlook

Im Jahr 1902 begann der wohlhabende Hamburger Kaufmann Oskar Vorwerk mit der Zucht eines neuen Rassehuhns. Für die Zeit um die Jahrhundertwende war dieses Vorhaben nichts Außergewöhnliches, sondern betraf fast alle landwirtschaftlichen Nutztiere. Entweder wurden heimische Schläge zu Rassen geformt oder es wurden Rassen aus der Kombination vorteilhafter Eigenschaften importierter und heimischer Tiere gebildet.

So auch bei den Vorwerkhühnern: In zehnjähriger beharrlicher Zuchtarbeit kreuzte Oskar Vorwerk heimische Lakenfelder mit den aus England importierten Gelben Orpingtons, gelben Ramelslohern sowie blauen Andalusiern. Das Ergebnis waren „Goldvögel" mit gleichen Farb- und Zeichnungsanlagen in beiden Geschlechtern; ein Landhuhntyp, goldgelb mit harmonisch angefügtem Schwarz in Hals und Schwanz.

Um ein Haar hätte es das Vorwerkhuhn nie gegeben. 1910, nach einigen Jahren Zuchtarbeit, drang eines Tages ein Schäferhund in die Gehege ein und tötete den Großteil der Tiere. Glücklicherweise bildeten die überlebenden Hühner eine ausreichende Basis für die Weiterarbeit.

1912 wurden die Vorwerkhühner in Hannover und Berlin erstmals öffentlich vorgestellt. Der Erfolg war gut, und bald gelangten zahlreiche Zuchttiere nach Sachsen, Thüringen und Schlesien, wodurch sich der Zuchtschwerpunkt in diese Gebiete verlagerte. Durch den Ausbruch des Ersten Weltkriegs verzögerte sich die offizielle Anerkennung als Rassehuhn bis 1919.

In den Jahren nach dem Zweiten Weltkrieg starben die Vorwerkhühner beinahe aus. Reinrassige Vorwerkhühner überlebten nur in einem Dorf im Thüringer Wald. Die Familie Schmitt hatte während des Krieges und danach mit zwei Hähnen und 26 Hennen weitergezüchtet. Diese Tiere bildeten die Grundlage für den Wiederaufbau der Zucht in ganz Deutschland.

Heute gibt es wieder einige Tausend Tiere in Deutschland und einige Hundert in Schleswig-Holstein. Die Rasse wird auch in Dänemark, Frankreich, den Niederlanden und der Schweiz gezüchtet.

(Foto: Arche Warder)

Steckbrief

Vorwerkhühner sind schöne Hühner. Sowohl der Kopf als auch der Schwanz sind ganz schwarz. Der Rumpf ist goldgelb, das Untergefieder grau. Auffallend sind die mittelgroßen weißen Ohrscheiben, manchmal mit einem roten Rand versehen. Vorwerkhähne erreichen ein Gewicht von 2,5 bis 3 Kilogramm, die Hennen 2 bis 2,5 Kilogramm.

Das Vorwerkhuhn ist ausgesprochen gutmütig, selbst die Hähne vertragen sich untereinander. Dabei sind sie lebhaft und nicht scheu, wetterfest und bei freiem Auslauf gute Futtersucher.

Das Vorwerkhuhn legt 170 Eier im Jahr. Zum Vergleich: ein Legebatteriehuhn kommt heute auf rund 300 im Jahr. Das ist ein wichtiger Grund dafür, warum die alten Rassen heute vollständig aus der modernen landwirtschaftlichen Zucht und Produktion herausgefallen sind. Nur noch ganz wenige, spezialisierte Hybridzuchtlinien werden einseitig auf höchste Legeleistung oder Fleischleistung selektiert.

Das ist schade, denn auch das Fleisch des Vorwerkhuhns ist sehr delikat und darüber hinaus auch noch gesund. Es ist reich an hochwertigem Eiweiß, vielen Vitaminen und wichtigen Mineralstoffen.

Cröllwitzer Pute – ein imposanter Vogel

(Foto: Kai Frölich)

Die ursprüngliche Heimat der Truthühner, besser bekannt als Puten, ist Nord- und Mittelamerika. Bereits 500 v. Chr. wurden wilde Truthühner von den Indianern in Mittelamerika gefangen und gehalten. Sie nutzten das Fleisch als Nahrung, die Knochen für Werkzeuge und die Federn für Schmuck, Kleidung und Pfeile.

1520 brachten spanische Seefahrer Truthühner mit in ihre Heimat, nach Deutschland gelangten sie 1533. In der zweiten Hälfte des 16. Jahrhunderts gab es bereits am Niederrhein und in den Niederlanden Herden von Puten.

Mit der planmäßigen Putenzucht wurde in Deutschland zu Beginn des 20. Jahrhunderts begonnen. Zunächst entwickelte sich die Bronzepute zur am weitesten verbreiteten Art, da sie aufgrund ihres bunt schillernden Gefieders sehr beliebt war.

Schließlich begann Alfred Beeck im Jahr 1910 mit der Kreuzung von verschiedenen Farbschlägen der beliebten belgischen Ronquières-Pute. Beeck war Direktor und Begründer der ersten staatlichen Lehr- und Versuchsanstalt für Geflügelzucht in Halle-Cröllwitz, und so stand ihm ein großes Gelände mit Teichen für die Kreuzungsversuche zur Verfügung. Am Ende hatte er eine neue Putenrasse geschaffen, die Cröllwitzer Pute

Einen ersten Höhepunkt erlebte die neue Rasse anlässlich des 25-jährigen Jubiläums des „Sondervereins Deutscher Putenzüchter" im Jahr 1932. Damals erhielt sie auch den Namen „Cröllwitzer Pute", bis dahin war die Rasse schlicht als „Gescheckte" bezeichnet worden.

(Foto: Arche Warder)

Steckbrief

Wie alle Truthühner haben Cröllwitzer einen nackten Kopf und Hals mit rötlichen Hautwarzen. Wenn die Tiere aufgeregt sind, färben sich Kopf und Hals intensiv rot. Während der Balz schlägt der Puterhahn ein Rad mit seinen Schwanzfedern, richtet sein Rückengefieder auf, spreizt die Flügel und wirbt um die Henne mit seinem typischen Ruf.

Die Zeichnung der Cröllwitzer Puten ist besonders attraktiv. Auf weißem Grund erscheint der Vogel durch die schwarzen Bänder am Ende jeder Feder gesprenkelt. Bei einem Gewicht von rund 4 bis maximal 8 Kilogramm gehören die Cröllwitzer eher zu den leichten Landschlägen. Zum Vergleich: Die Bronzepute bringt zwischen 7 und 15 Kilogramm auf die Waage. Die Legeleistung liegt bei 20 bis 40 Eiern pro Jahr.

Die Cröllwitzer Pute ist wetterfest und eignet sich hervorragend zur extensiven Freilandhaltung. Allgemein ist die Haltung von Puten eher unkompliziert. Sie schätzen schattige Plätze und sollten die Möglichkeit haben, ein Sandbad nehmen zu können. Im Herbst und Winter benötigen sie einen trockenen, zugfreien Stall oder Unterstand. Lässt man Puten frei weiden, ernähren sie sich überwiegend von Früchten, Gräsern und Blättern, aber auch von Insekten, Schnecken und anderen Kleinsttieren.

Rasseputen gehören zu den Nachkommen einer der schwersten flugfähigen Vogelarten. Sowohl im Freilauf als auch im Ausstellungskäfig bieten diese Tiere eine imposante Erscheinung.

Diepholzer Gans - rund und geländegängig

Das Oldenburger Land rund um die niedersächsische Stadt Diepholz ist die Urheimat der Diepholzer Gans. Herausgezüchtet aus verschiedenen Landgansrassen - zum Beispiel der Emdener Gans - bevölkerten seit etwa 1880 riesige Scharen von Diepholzer Gänsen die moorigen Bruchweiden der damaligen hannoverschen Grafschaft Diepholz.

Wegen ihrer Genügsamkeit und des hohen Wertes brachte diese Gans vor allem den Kleinbauern einen guten Zugewinn ins Haus. Neben dem Fleisch waren die Federn eine begehrte Handelsware. Ende des 19. Jahrhunderts wurden in Diepholz jährlich rund 1,5 Millionen Schreibfedern produziert und bis nach Holland und Frankreich exportiert.

Noch bis zum Zweiten Weltkrieg trieben die Diepholzer im Frühjahr ihre Gänse zu Tausenden auf die gemeindeeigenen Feuchtwiesen. Im Herbst wurde das Federvieh zusammengetrieben, mit Hafer- und Gerstenschrot in einfach eingerichteten

Raritäten auf der Weide – Lippegans

Sie gehören zu den letzten Vertretern ihrer Art. Viele alte Nutztierrassen wie das Angler Sattelschwein und das Vorwerkhuhn sind vom Aussterben bedroht oder sehr selten geworden. Doch es gibt Menschen, die sich für den Erhalt der traditionellen Rassen einsetzen. Der Kieler Journalist und Kochbuchautor Jens Mecklenburg stellt in dieser Serie alte Rinder-, Schweine- und Geflügelrassen, Ziegen und Schafe vor. Es sind Tiere, die zu Unrecht in Vergessenheit gerieten, und es sind „Flüchtlinge" aus fremden Welten, die im Norden eine neue Heimat fanden. Fotografiert werden sie von Ingo Wandmacher. Folge 55.

Die Gans gehört zu den wenigen kulinarischen Errungenschaften der Germanen, die bis heute Bestand haben. Während die Römer und später die Gallier ihre Vorliebe zur heute umstrittenen Gänsestopfleber entdeckten, schätzten die Nordmänner eher den ganzen Vogel.

Wer Gänse besaß, hatte immer ausreichend Fleisch und Schmalz im Haus, konnte sich weich in Daunen betten und die Kiele als Schreibgerät teuer verkaufen.

Doch trotz aller Zuneigung starben die alten Landrassen fast aus. Ein trauriges Beispiel hierfür ist die aus dem östlichen Westfalen, dem Kreis Lippe stammende Lippegans.

Die mit den Diepholzern verwandten Lippegänse gehen auf die grauen und weißgrauen Landgänse der Niederungen des Flusses Lippe bei Paderborn und Soest zurück. Diese Landgänse wurden mit den weißen Diepholzern verkreuzt, und so entstand vor über hundert Jahren eine robuste Landrasse, die der ländlichen Bevölkerung ein gutes Zubrot sicherte. Die zunehmende Industrialisierung der Landwirtschaft und die Konkurrenz durch (billigere) Exportgänse führten ab den 50er Jahren zum Niedergang dieser robusten Landgansrasse. Zählte man einst 70 000 Tiere, ist heute ihr Bestand mit bundesweit nur noch rund 50 Zuchtpaaren extrem gefährdet.

Der orange Farbton des Schnabels und der Läufe bilden bei der Lippegans einen hübschen Kontrast zum reinweißen Gefieder. Auffallend sind auch die dunkelblauen Augen, die von einem schmalen orange-gelben Lid umrandet sind. Die Gans ist eine typische Vertreterin der deutschen Landgänse: beweglich und gut bemuskelt, somit besonders gut marschfähig und weidegeeignet. Die Lippegans ist robust und wetterfest und ist außerdem auch eine liebevolle Mutter. In Freilandhaltung muss sie nicht (zu)gefüttert werden, ernährt sich rein vegetarisch von Gräsern und erreicht ein Gewicht von fünf bis sieben Kilogramm. Das Fleisch der schönen Vögel soll delikat (feinfaserig, zart) schmecken. Die freundlichen, robusten und vor guter Gesundheit strotzenden Vögel sind auch bestens geeignet für Hobbyhalter. Vielleicht liegt hierin ja eine Zukunfts-Chance für die Lippegans. Da sie doch zu den wenigen noch lebenden deutschen Landgansrassen zählt, sollte uns ihr Überleben deutlich am Herzen liegen.

Im Norden weiden einige Lippegänse auf Arche-Höfen und im Tierpark Arche Warder. Ihr Fleisch wird dort aber nicht vermarktet. Infos: www.stammbuch-lippegans.de

Nächste Folge: Hinterwälder Rind

KINOS AM 15. OKTOBER

Mammuth: 16.30 Uhr
Männer im Wasser: 18 Uhr
Oskar und die Dame in Rosa: 18.30
Snowman's Land: 16, 22.30 Uhr

Traum-Kino
Gainsbourg - Der Mann, der die Frauen liebte: 17.45, 20, 22.15 Uhr
Vergebung: 17.45 Uhr

Cinemaxx, Kaistr. 54-56, Tel. 01805/24636299
Kommunales Kino in der Pumpe, Haßstr. 22, Tel. 0431/96303
metro - Kino im Schloßhof, Holtenauer Str. 162, Tel. 2207890
Studio am Dreiecksplatz, Wilhelminenstr. 10, Tel. 0431/9828101
Traum-Kino, Grasweg 19, Tel. 0431/5444514

NEUMÜNSTER

Cineplex
Die etwas anderen Cops: 17, 19.15, 21.30 Uhr
Die Legende der Wächter: 14.15, 16.30, 18.45, 21 Uhr
Eat Pray Love: 21 Uhr
Goethe!: 14.30, 16.45, 19, 21.15 Uhr
Einfach unverbesserlich: 16.30 Uhr
Ich - Einfach unverbesserlich 3D: 13.30, 14.15, 18.45, 21 Uhr
Konferenz der Tiere 3D: 15.30, 17.30, 19.30 Uhr
Marmaduke: 14.15 Uhr
Reine Fellsache: 13, 15 Uhr
Resident Evil - Afterlife 3D: 21.30 Uhr
The Social Network: 16.15, 18.45, 21.15 Uhr
Wie durch ein Wunder: 14.15, 16.30, 18.45 Uhr

Kuhberg 47-51, Tel. 04321/559577

OLDENBURG

Lichtblick Filmtheater
Eat Pray Love: 19.45 Uhr
Groupies bleiben nicht: 18 Uhr
Einfach unverbesserlich: 17.30, 20.15 Uhr

Schuhstr. 97, Tel. 04361/507748

Der aktuelle Ta

Moby Dick taucht im Schauspielha

TIPP Nach dem großen Erfolg des Sommer-Theaters am Seefischmarkt taucht der weiße Wal Moby Dick als Wiederaufnahme nun auf der anderen Seite der Förde, auf der großen Bühne des Schauspielhauses auf. Der junge Ismael hat das Leben an Land gründlich satt und beschließt, zur See zu fahren. Auf der Insel Nantucket heuert er auf dem Walfängerschiff „Pequod" an. Dort führt Kapitän Ahab das Kommando. Ein ebenso zwielichtiger wie charismatischer Seemann, der eine sonderbare Besatzung um sich geschart hat. An Bord enthüllt Ahab den Männern seine Mission: Der Kapitän hat einst im Kampf mit Moby Dick, einem gigantischen weißen Wal, ein Bein verloren. Seither ist er ein [...]

ner, der nur noch [...]
folgt – Rache. Er [...]
Preis finden und er[...]
zuerst erblickt, ve[...]
festgenagelte Go[...]
Männer auf sein[...]
schicksalhafte Re[...]
rin Franziska Stei[...]
man von Herman [...]
druckende musik[...]
ckelt.

16. Oktober, 20 U[...]
ße 103, Kiel. Eint[...]
Theaterkassen, T[...]

Ställen gemästet und schließlich als hochgeschätzter Weihnachtsbraten verkauft.

Aufgrund ihrer extensiven Haltung auf Wiesenmooren entwickelte die Diepholzer Gans ihre Widerstandskraft und legendäre Futterdankbarkeit. Ab und zu gesellten sich wild lebende Graugänse zu den Diepholzer Gänsen. Durch solche Paarungen wurde die Robustheit der Diepholzer Gans nochmals gestärkt.

Mit der Auflösung der Gemeindegründe und dem allgemeinen starken Rückgang der Gänsehaltung in den letzten Jahrzehnten geriet die Diepholzer Gans mehr und mehr in Vergessenheit.

Es gibt bundesweit nur noch rund 500 Tiere, davon 120 Gänse und 35 Ganter in Niedersachsen. Die Diepholzer Gans gehört damit zu den stark gefährdeten Haustierrassen.

Steckbrief

Die Diepholzer Gans wird seit weit über 100 Jahren gezüchtet und ist eine der wenigen noch existierenden Landgansrassen. Beweglichkeit und Weidetauglichkeit waren immer wichtige Zuchtziele, aber auch andere typische Landganseigenschaften wie Frühreife, Bruttrieb und das Führen der Gössel sind in den heutigen Zuchtstämmen der Diepholzer Gans noch fest verankert.

Der rötliche Farbton des Schnabels und der Läufe bilden einen schönen Kontrast zu dem reinweißen Gefieder. Auffallend sind auch die dunkelblauen Augen, die von einem schmalen orange-gelben Lidring umgeben sind.
Ganter erreichen ein Gewicht von bis zu 7 Kilogramm, die Gänse sind 1 bis 2 Kilogramm leichter.

Eine Diepholzer Gans liefert überdurchschnittlich viele Federn, nämlich 300 bis 400 Gramm pro Jahr – für ein Kopfkissen werden 1000 Gramm benötigt.

Die Diepholzer Gans kann sich ihr Leben lang mit saurem und süßem, sonst kaum verwertbarem Moorgras begnügen und entwickelt dabei ein fettarmes und zugleich feinfaseriges, zartes Fleisch von hervorragendem Geschmack.

Im Gegensatz zu den Enten fressen Gänse keine Schnecken, Kaulquappen oder andere Kleintiere. Sie ernähren sich rein vegetarisch.

(Foto: Kai Frölich)

Girgentana-Ziegen mit ihrem auffälligen Korkenzieher-Gehörn waren ursprünglich nur in Sizilien verbreitet.

Anhang

Tipps zum Weiterlesen

Frank Allmer:
Stolze Hähne und fleißige Hennen.
Cadmos: Brunsbek, 2009.

Norbert Benecke:
Der Mensch und seine Haustiere – Die Geschichte einer jahrtausendealten Beziehung.
Konrad Theiss Verlag: Stuttgart, 1994.

Michael Brackmann:
Das andere Kuhbuch. 40 Rasseporträts und mehr.
Cadmos, Brunsbek: 2009.

Margaret Bunzel-Drüke/Carsten Böhm/Peter Finck/Gerd Kämmer/Rainer Luick/Edgar Reisinger/Uwe Riecken/Johannes Riedl/Matthias Scharf/Olaf Zimball:
Praxisleitfaden für Ganzjahresbeweidung in Naturschutz und Landschaftsentwicklung – „Wilde Weiden".
Arbeitsgemeinschaft Biologischer Umweltschutz im Kreis Soest e.V., Bad Sassendorf-Lohne, 2008.

Juliette Clutton-Brock:
A Natural History of Domesticated Mammals.
Cambridge University Press, British Museum (Natural History), 1987.

Jared Diamond:
Guns, Germs, and Steel.
W. W. Norton & Company, Inc., 1999.

Martin Haller:
Seltene Haus- und Nutztierrassen.
Leopold Stocker Verlag: Graz/Stuttgart, 2000.

Hans Hinrich Sambraus:
Gefährdete Nutztierrassen: Ihre Zuchtgeschichte, Nutzung und Bewahrung.
2. Aufl., Ulmer: Stuttgart, 1999.

Hans Hinrich Sambraus:
Exotische Rinder – Wasserbüffel, Bison, Wisent, Zwergzebu, Yak.
Ulmer: Stuttgart, 2006.

Ulf Stuberger:
Esel. Haltung und Pflege. Zucht und Rassen. Wandern mit Packtieren.
Kosmos: Stuttgart, 2008.

Esther Verhoef/Aad Rijs:
Hühner-Enzyklopädie. Alles, was Sie über die Pflege, Unterbringung, Zucht und Fütterung von Hühnern wissen müssen.
Edition Dörfler im Nebel: Eggolsheim, 2001.

Adressen

Tierpark Arche Warder e.V.

Langwedeler Weg 11
24646 Warder
www.arche-warder.de

Wikinger Museum Haithabu

Schloss Gottorf
24837 Schleswig
www.schloss-gottorf.de

Naturschutzgebiet Höltigbaum der Stiftung Naturschutz Schleswig-Holstein Haus der Wilden Weiden

Eichberg 63
22142 Hamburg-Rahlstedt
www.hoeltigbaum.de

Gesellschaft zur Erhaltung alter und gefährdeter Haustierrassen e. V. (GEH)

Eschenbornrasen 11
37213 Witzenhausen
www.g-e-h.de

(Foto: Kai Frölich)

Register

Ann-Marie Hagenkötter
Ziegen
80 Seiten, farbig, broschiert
ISBN 978-3-86127-678-4

Axel Gutjahr
Nützlinge im Garten
80 Seiten, farbig, broschiert
ISBN 978-3-86127-672-2

Michael Brackmann
Das andere Kuhbuch
192 Seiten, farbig, gebunden
ISBN 978-3-86127-676-0

Axel Gutjahr
Gartenteiche
80 Seiten, farbig, broschiert
ISBN 978-3-86127-671-5

Frank Allmer
Stolze Hähne
80 Seiten, farbig, broschiert
ISBN 978-3-86127-674-6

Dorothee Dahl
Schafe
80 Seiten, farbig, broschiert
ISBN 978-3-86127-675-3

Jürgen Gräfe
Süßes Hobby Imkerei
80 Seiten, farbig, broschiert
ISBN 978-3-86127-677-7

Yvonne und Werner Lantermann
Vögel im Naturgarten
80 Seiten, farbig, broschiert
ISBN 978-3-86127-080-5

Cadmos Verlag GmbH
Möllner Straße 47
21493 Schwarzenbek
Tel. 04151 87 90 70
Fax 04151 87 90 7-12

Besuchen Sie uns im Internet:
www.cadmos.de

CADMOS